U0108296

成功企業的再定義

—企業永續策略與經營

朱竹元、李宜樺、張瑞婷 著

pwc　資誠　財團法人資誠教育基金會

目 錄

【推薦序】

簡又新

中華民國無任所大使、臺灣永續能源研究基金會董事長　簡又新

現今全球均聚焦對抗氣候變遷的《巴黎協議》(Paris Agreement, PA)與聯合國 2030 年永續發展議程的 17 項永續發展目標 (Sustainable Development Goals, SDGs)，這些全球性目標將引導全球各政府、企業及非政府組織 (NGO)於未來的行動。而企業是國家發展的磐石與主要力量，企業除須對股東、顧客及員工等利害關係人負責外，更要因應社會期待，善盡其社會責任，在提高企業經營績效的同時，必須致力降低環境負荷、並增進對社會之回饋與關懷。臺灣企業近年來不僅在永續發展的績效水準顯著提升，而且在國際的 CSR (Corporate Social Responsibility)競評或選拔成績亦相當耀眼，產官學研及 NGO 各界的努力與投入，功不可沒。

資誠聯合會計師事務所、資誠永續發展服務股份有限公司及資誠教育基金會均為「台灣永續能源研究基金會」的堅實協力夥伴，也是「台灣企業永續研訓中心」的會員企業，更與基金會攜手集結產官學研及非政府組織共同發起成立「台灣永續發展目標聯盟」(Alliance for Sustainable Development Goals, A‧SDGs)，成為更大推動永續能量之平臺。資誠不僅長期持續性辦理各項永續

教育活動、與各大專院校合作舉辦 CSR 營隊及校園獎助活動、出版各類永續教育叢書、投入臺灣企業社會責任相關推廣工作，並參與臺灣企業輔導與確信作業，更進一步致力 SDGs 的各項工作，不但聲譽卓著建立良好口碑，為臺灣永續發展注入源源動能，並對企業與整體社會產生正向影響力。

《成功企業的再定義：企業永續策略與經營》一書從 CSR 的歷史脈絡闡述企業需要永續策略的原因，以企業永續觀點解析整合性管理新思維，並將企業的使命定位在非僅創造商品或服務的價值，而是更廣泛的增進人類整體福祉。從企業願景、目標到策略循序探討永續議題，在循環經濟、影響力評估方面以學理與案例解說 ESG（Environment, Society and Governance）績效量化評估，同時揭櫫國際最新方法學與趨勢，如氣候相關財務揭露、科學基礎減量目標（Science based target, SBT）等；並進一步連結投資方聚焦的永續投資與綠色金融，鼓勵企業創建新價值，讓「透明」、「當責」、「誠信」、「創新」成為企業經營的核心所在，進而持續成長及永續。

本書架構完整並涵蓋 CSR 各面向議題，非常適合企業高層主管、各部門實務執行人員，以及關心相關議題的社會大眾閱讀，是一本值得推薦給大家的好書，企盼透過本書的精闢解析與豐富內容，讓臺灣企業長青、國家永續發展。

【推薦序】

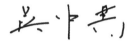

臺灣金融研訓院董事長　吳中書

近年來企業經營策略有許多創新的議題發展，其中最受到熱烈討論的當屬「企業永續經營」。這個議題範圍很廣，國際專家組織也積極在思考從哪些角度切入來協助企業提出具體的永續經營策略。而企業主現在積極思考的是：企業為何需要永續經營策略？創造永續價值需要哪些內外部資源整合投入？以及社會責任如何融入在以財務獲利為前提的企業發展目標當中，發揮最大經營效益？

本書特色是以企業價值創造的觀點來探討企業的永續經營策略思維與布局，並蒐羅近年國內外具有代表性及特色的產業，包括資通訊業、製造業、金融業、飲料業、百貨業等許多知名企業個案，針對各類企業創造企業永續價值的不同方式有很多深入的剖析，內容多元且豐富，非常值得一讀。文中提到永續經營對企業資本的重新再定義，以及企業影響力衡量與管理等諸多永續企業價值衡量的新觀點，則相當具有前瞻性及參考價值。

隨著網路科技發達，企業建構經營生態系愈來愈受到重視，但是對經營資訊透明度，特別是近年所強調的非財務類資訊透明的要求也愈來愈高。舉近年十分熱門的金融科技技術區塊鏈

(Blockchain)為例，因為其「去中心化」、「透明化」、「不可竄改」的資訊分享與軌跡追蹤特性，可以同時運用在商業及公益用途，發展潛力很大。但也使得現在的企業在整個經營生態系當中受到來自上下游供應商、客戶、競爭者、員工、政府和社群輿論的外部監督力量及壓力愈來愈大。包括道德操守、誠信、環保、公益、碳交易、綠色能源使用、員工關懷、社會風險、社會投資等等非財務資訊揭露及量化，以及將之建構成指標形式運用在企業市場價值評估的工具與模型愈來愈受到重視。

策略管理大師麥克‧波特（Michael Porter）2006 年大膽挑戰主流價值率先提出企業與社會創造「價值共享」（Creating Shared Value）的論點。當時未被主流企業所接受的原因在於還看不到實際商業利益，時至今日聯合國及歐盟大力推動企業社會責任（Corporate Social Responsibility, CSR），目前有更多企業永續經營的議題已經較過去企業透過慈善公益來實現社會責任的作法更多元化也更具社會影響力。更重要的是，透過經營策略結合企業社會責任與商業利益，產生新的市場商業模式可能成為一個趨勢。我想這也考驗著企業主需要更多的創意及整合，來思考企業社會價值及影響力如何去呈現、評估及量化；如何整合內外部資源創造更多利害關係人的價值，進一步建構一個結合企業產業鏈及社會價值鏈的生態系；最後透過企業社會價值提升來推動產業升級，這是企業永續經營的核心策略思維。誠如本書所重新定義的成功企業標準，在各章節內容當中可以得到許多精彩的啟發。

【出版序】

資誠聯合會計師事務所所長　周建宏

現代企業生存在劇變的大時代中，尤其 2015 年相繼發布《巴黎協議》和「聯合國永續發展目標」(Sustainable Development Goals, SDGs) 兩項重大文件，全面牽動各國政府的政策、市場規範，新的企業營運風險和機會，深深影響企業的商業活動。

2016 年全球經濟論壇 (WEF) 以「改變中的世界：重新定義『成功企業』」為主題，並在開幕時發表資誠 PwC 年度全球企業領袖調查 (PwC's 19th Annual Global CEO Survey)。調查中清楚顯示，全球 CEO 已重新定義「成功企業」。

根據調查發現，全球近 80% 的受訪 CEO 同意「財務利潤」不是衡量企業成功的唯一指標；而 76% 受訪 CEO 指出，在 21 世紀「企業成功」的定義將包含盈利以外的事項；更有 64% 的 CEO 認為企業社會責任不是一個獨立計畫，而是公司的核心策略。

隨著國際、國家層級的永續發展規範日益明確、日趨嚴苛，越來越多企業將企業社會責任／企業永續 (CSR) 從被動回應轉換為內部常態化的管理議題，並從過往以 CSR 資訊揭露為主，提升至主動檢視永續發展的商業機會，訂定績效目標，定期對利害關係人揭露達成狀況，構築企業永續競爭力。

資誠以「營造社會誠信，解決重要問題」作為企業使命，積極在各個國際永續組織中扮演重要角色，包括成為聯合國發展 SDGs 相關行動方案的合作夥伴之一，開發出一系列評估工具（如 PwC SDG Selector 及 PwC SDG Navigator），幫助企業建構一個完整、績效透明且能追蹤的報導系統。同時，擔任 GRI 準則正體中文版審議委員，並成為全臺首家認證教育訓練夥伴，將能協助企業及早因應 2019 年上市櫃企業正式適用 GRI 準則的變革。除了導入國際社會主流的永續管理方法學，資誠更與企業客戶共同發展出「全面影響力衡量與管理」(Total Impact Measurement and Management, TIMM) 架構，率先引領企業進行全面性的 CSR 貨幣化評估管理，讓永續力成為企業的新競爭力。

資誠積極引介國際最新永續管理思維與方法學，協助企業建構永續策略、創造永續價值。近兩年資誠有幸與國內企業共同完成一些永續管理的成功案例，得以從企業願景、目標到策略循序探討永續議題，並以企業實務案例加以說明，期盼協助企業共同邁向低碳經濟時代的永續之路。

【作者序】

資誠教育基金會董事　朱竹元

資誠永續發展服務公司總經理　李宜樺

張　瑞　婷

資誠永續發展服務公司執行董事　張瑞婷

「企業社會責任」（Corporate Social Responsibility, CSR）概念在國內已倡議 10 多年，卻直到 2013 年國內發生一連串食安、工安意外，金管會始於 2014 年起強制特定上市櫃企業編製企業社會責任報告書後，才真正受到國內企業重視。隨著極端氣候的衝擊日益增加，各國領導人在 2015 年共同簽署《巴黎協議》，決心面對減碳的重大挑戰。大型投資機構、消費者、利害關係人越來越關注企業的永續作為。資誠認為，CSR 除了是降低企業營運風險，更具有創造未來商機的積極意義。資誠多年來不遺餘力地倡議 CSR，並且多方深耕 CSR 的議題，此次出版本專書，亦希冀從「成功企業」的再定義出發，藉由國際逐漸成熟的永續管理方法學和國內外標竿企業的實務案例，協助企業將永續理念建構在

「企業的願景、使命、目標、策略、活動」當中，並藉由管理評估，逐步優化，讓企業一步步從有意義的承諾、有挑戰的目標、有效率的管理，打造出「有門檻的競爭力」！

本書共分為七章，前兩章為永續思維篇，後四章為永續議題企業實務篇，最後一章則為永續投資篇。首先在第一、二章中，闡述分析當前國際為何如此高度關注企業永續發展的趨勢，再依循 CSR 觀念的歷史發展脈絡，有系統地介紹 CSR 一詞如何由較被動落實的企業社會責任（Corporate Social Responsibility）意義，提升至主動的企業永續發展，並藉由「企業永續報告書」（Corporate Sustainability Report）進行企業永續作為的報導揭露與外界溝通。當中，藉由 PwC 全球的企業調查、資誠與其他研究機構共同進行的《2018 臺灣永續報告現況與趨勢》調查等資料，協助企業一窺國內外企業目前在永續議題的發展樣貌，期以對應出其自身發展進程的定位點，進而檢視是否需要重塑企業願景和企業的永續策略。

其次在第三至五章中，則從當前重大永續議題之各項主題逐一介紹，包含範圍最廣、影響力最大的聯合國永續發展目標（Sustainable Development Goals, SDGs）、邁向低碳經濟時代、與企業營運迫切相關的綠色議題，如氣候變遷財務化（TCFD）、科學基礎的減碳目標（SBT）、水資源管理、循環經濟和永續採購管理。

確立了企業的永續策略、目標和活動後，第六章則介紹與永續議題相關的各項管理方法學，包含整合性報導架構（IR）、社會投資報酬率（SROI）以及資誠與企業客戶共同發展出的「全面影響力衡

量及管理」(TIMM)。資誠認為，CSR 不應只是感性訴求的議題，或僅僅在提升企業形象的層次上，而更應該是能具體透過量化管理，創造企業價值的一項核心能力。

近年來，資誠不斷在倡導「3M 管理新哲學」，意即「Measure、Manage、Maximize」。不論是社會議題、環境議題或是公司治理議題，國際上各項方法學已經發展出能將 CSR 各面向及項目進行貨幣化衡量（Measure）的機制，可具體描繪 CSR 作為所產生的影響及其改變的價值。有了量化的數據，就能描繪出管理的經緯線，進而訂定目標，進行有效率地「管理」(Manage)。最終，企業就能聚焦、持續優化，極大化專案 (Maximize) 的影響力。

歐美國家較亞洲地區更早發展 CSR 議題，其發展進程已從觀念倡議，進展到具體落實「永續投資」的階段。今年 6 月，國內科技業龍頭業者的外資法人英國倫敦 Hermes 資產管理公司在股東會上提出永續投資的犀利十問，包含財務透明度、氣候變遷因應、勞工權益、接班問題、獨董出席率等問題。足見，臺灣的永續投資雖尚在萌芽階段，但臺灣股市有近 60% 是外資法人持股，永續投資的挑戰離我們並不遙遠。期盼本書能為企業邁向永續經營帶來一臂之力。

最後，近年來永續發展的議題在社會上蓬勃發展，新興的議題與方法學也不斷演進，本書已在截稿前盡力廣納重要議題與最新資訊，但難免有未盡完善之處，爰謹期盼未來能再分享更豐富的企業永續智識與案例，期以激發企業的永續發展意識及作為，一起邁向永續共好價值的明日！

第一章

為何企業需要永續策略

最近的地球很不平靜，2017 年冬季極端氣候先後在美國、加拿大造成酷寒，造成交通大亂與嚴重死傷；而同一時間澳洲雪梨卻是熱浪強襲，氣溫高達 47.3 ℃，創下 80 年來的新高紀錄，南北半球的溫差竟將近 100 ℃，衝擊著全人類的生活。不只是極端氣候問題，能源短缺、國際大型公司接連爆發造假弊案，包括德國福斯汽車的廢氣排放造假，三菱汽車竄改汽車燃效數據、日本神戶製鋼竄改數據等，在在讓「永續發展」成為未來企業經營的關鍵議題。

當今企業生存在劇變的大時代中，必須面對許多挑戰，尤其是 2015-2030 年間更是要面對與因應改變世界的兩大課題，這兩個議題都在 2015 年同步發生，一是《巴黎協議》，二是「聯合國永續發展目標」（Sustainable Development Goals, SDGs），兩者皆深深影響企業的商業活動。

在《巴黎協議》後，全球各國對氣候變遷相關立法大幅增加，以臺灣來說，包含《溫室氣體減量及管理法》、《再生能源發展條例》等，都將影響企業的排碳與能源使用。未來全球碳交易市場將逐步成形，氣候變遷更成為企業決策的主流議題之一。

聯合國 17 項「永續發展目標」在 2016 年正式上路，臺灣政府隨即在 2017 年發表首份永續發展目標「自願性國家檢視報告」（Voluntary National Review, VNR），並在立法院正式成立「SDGs 諮詢委員會」。國內大型企業除了紛紛自主編製 CSR 報告書外，更開始將回應 SDGs 議題列為重點內容。這些重大的事件，在在標示出企業營運已進入「永續競爭力」的新戰國時代！

第一節　企業永續是國際潮流

自 2008 年金融海嘯襲捲全球後，全球社會開始不斷反思企業的角色是否只以獲利為唯一目的，積極探索能夠穩健永續經營的企業具有什麼樣的特質。隨著氣候變遷風險不斷升高、環境汙染、地球資源瀕臨限度、青年失業攀升、人口持續成長，並且朝高度城市化發展，衍生出糧食危機……等，越來越多全球問題的解方都指向企業的影響力。

企業不同於一般的組織，許多企業的影響層面甚至超越單一地區或單一國家，若是大型跨國企業的營運，更深深影響全球的環境、資源耗用、人權議題等。根據 OECD 的研究發現，開發中國家由於本身的外部成本觀念較不佳，往往只看到跨國企業所帶來的投資金額、所創造的就業機會等正面影響，輕忽了可能衍生的環境汙染、耗用過多的自然資源等外部成本負擔，最後遭到當地環保、人權團體的抗議，失去了民眾的支持，遭受當地政府的處罰，企業面對更高的營運風險，甚至失去消費者的認同，全盤皆輸。

因而，企業要邁向永續經營，從經營核心落實企業社會責任（Corporate Social Responsibility, CSR）已是不可或缺的策略思維。各個國際組織也不約而同發表對「企業社會責任」的定義，包括世界銀行、歐盟、國際雇主組織、世界企業永續發展協會、全球永續性報告協會等。甚至國際上，要求企業落實社會責任的規劃也如雨後春筍般不斷冒出，形成一股強勁的國際潮流。

國際組織對「企業社會責任」的定義：

歐盟：公司在自願的基礎上，把對社會和環境的關切整合到它們的經營運作及與利害關係人的互動中。

世界經濟論壇：作為企業公民的社會責任包括四個方面：一是好的公司治理和道德標準，如遵守法律、國際標準、防範腐敗賄賂等。二是對人的責任，如員工安全計畫，就業機會均等、反對歧視等。三是對環境的責任，如維護環境品質、共同應對氣候變化、保護生物多樣性等。四是對社會發展的廣義貢獻，如向貧困社區提供生活必要產品和服務。

世界銀行：企業與關鍵利害關係人的關係、價值觀、遵紀守法以及尊重人、社區和環境等有關政策和實踐的集合。是企業為改善利害關係人的生活品質而貢獻於永續發展的一種承諾。

世界企業永續發展協會：企業承諾持續遵守道德規範，為經濟發展做出貢獻，並且改善員工及其家庭、當地整體社區、社會的生活品質。

全球永續性報告協會：全球永續性報告協會的永續發展報告書則點出企業的社會責任或永續發展，包括了經濟、環境、社會等主要面向。經濟面指的是直接的經濟衝擊，其利害關係人包括股東、顧客、供應商、員工、資金贊助者。環境面影響範圍包括原料、能源、水、生物多樣化、氣體、廢物的排放等。社會面則是指對所在社會的責任考量，重點包括勞工、人權、社會等議題。

儘管定義不盡相同，但皆明確指出企業在賺取利潤的同時，必須同時落實公司治理（Governance）兼顧對環境永續（Environment）和社會公益（Social）的責任，減少負面衝擊，增加正面影響，並對所有利害關係人進行資訊揭露與溝通。

圖 1-1　企業強化 CSR 已是全球共識

美 國
投資人呼籲提高
董事性別多元性

挪 威
強制上市公
司遵循GRI
編製CSR報
告書

歐 洲
2014年修法要大型企業揭
露董事會多元性、環境、
社會、人權等非財務資訊

韓 國
國家退休基金擬
遊說大型財團強
化公司治理

公司治理更具效能

資訊揭露更透明

更善盡社會責任

鼓勵
強制

臺 灣
2014年強制上
市櫃特定產業遵
循GRI編製CSR
報告書

南 非
2010年強制上市
公司編製整合性
報告<IR>

新加坡
宣布2017或 2018將
強制所有上市公司
發布永續報告書

澳 洲
要求上市公司揭
露經濟、環境及
社會永續風險

日 本
首相呼籲企業任
命更多外部董事

資料來源：資誠彙整

2016 年全球經濟論壇（WEF）以「改變中的世界：重新定義『成功企業』」為主題，並在開幕時發表資誠 PwC 年度全球企業領袖調查（PwC's 19th Annual Global CEO Survey）。調查中清楚顯示，全球 CEO 已重新定義「成功企業」。根據調查發現，全球近 80% 的受訪 CEO 同意「財務利潤」不是衡量企業成功的唯一指標；而 76% 受訪 CEO 指出，在 21 世紀「企業成功」的定義將包含盈利以外的事項；更有 64% 的 CEO 認為企業社會責任不是一個獨立計畫，而是公司的核心策略。更有 83% 的臺灣 CEO 認同追求長期利潤優先於短期利潤。

這項調查清楚顯示出，企業開始追求盈利以外的事項，除了外界加諸於企業的期待與壓力外，企業內部也已出現一股明確的動力

——追求非財務利潤成就的世界趨勢。越來越多國際企業更從被動的落實企業社會責任，走向主動規劃「企業永續的營運策略」。因而 CSR 一詞，除了原先 Corporate Social Responsibility 的意義，亦可解讀為 Corporate Sustainability Report，企業永續報告書，意即藉由報導揭露與外界溝通。

圖 1-2　全球 CEO 重新定義「成功企業」

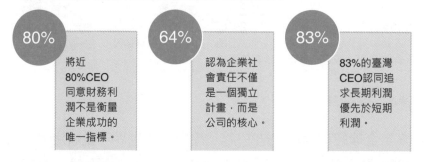

資誠 PwC 年度全球企業領袖調查（PwC's 19th Annual Global CEO Survey）於 2015 年最後一季進行，包含 83 個國家、1,409 位 CEO 受訪。
2016 年主題為《改變中的世界：重新定義「成功企業」》

80%　將近 80%CEO 同意財務利潤不是衡量企業成功的唯一指標。

64%　認為企業社會責任不僅是一個獨立計畫，而是公司的核心。

83%　83%的臺灣 CEO 認同追求長期利潤優先於短期利潤。

資料來源：資誠年度全球企業領袖調查，http://www.pwc.tw/zh/publications/2016-gx-ceosurvey.html

臺灣「企業社會責任」的相關規範

臺灣推動 CSR 發展始於公司治理的推動，最早可追溯自 1998 年發生亞洲金融風暴，臺灣歷經本土性小型金融股風暴，致經濟合作與發展組織（OECD）部長級會議時，明確指出亞洲國家企業「公司治理」未步上軌道，因而無法提升國際競爭力。加上 1999 到 2000 年間，臺灣股市又發生了地雷股股災，讓資本市場主管機關強力推動落實公司治理相關規範。

2002 年 2 月，臺灣證交所及櫃買中心分別修正「有價證券上市審查準則」、「證券商營業處所買賣有價證券審查準則」，針對初次申請上市上櫃企業要求設置二席獨立董事及一席獨立監察人席次、並訂定了獨立董事及監察人的資格條件與獨立性等具體審查條件標準。同年，再公告「上市上櫃公司治理實務守則」及相關參考範例，導引上市櫃公司將公司治理主動內化為內部治理的機制。2003 年行政院頒布「強化公司治理政策綱領暨行動方案」，並成立「改革公司治理專案小組」將公司治理議題由資本市場規範提升為國家級政策。同年開始每年辦理「上市上櫃公司資訊揭露評鑑」，大幅提升掛牌企業透明度、降低企業籌資成本、降低投資風險。

但公司治理僅是企業社會責任的一環，櫃買中心自 2006 年開始陸續透過《證券櫃檯》、《永續產業發展》等專業期刊與研討會，開始倡議企業社會責任理念，協助企業在擴展營運的同時，納入兼顧環境、社會、公司治理考量的永續經營之道。2009 年證交所與櫃買中心正式訂定「上市上櫃企業社會責任實務守則」供企業參考，2011 年再發布「企業社會責任資訊揭露綱領初級版」並建議企業在公告企業財務年報時，也能發布 CSR 報告書。但實際援用的上市櫃公司寥寥可數，成效極其有限。

直到 2013 年前後因發生一連串的工安意外、食安問題、高雄氣爆事件等嚴重衝擊消費者信心、民眾安全及國際觀感，要求企業肩負更多社會責任的聲浪持續升高。金管會乃正式於 2014 年 9 月 18 日發布強制特定上市櫃公司編製企業社會責任報告書（Corporate Social Responsibility Report，簡稱 CSR 報告書）的政

策新聞稿。從此企業社會責任的推動由先前的鼓勵勸導轉為部分強制的政策。

圖 1-3 主管機關強制特定公司編製 CSR 報告書範圍

第一波（2014年）

國內上市（櫃）之食品工業及最近年度餐飲收入占總營收達 50% 以上之特定公司、金融業、化學工業及實收資本額達 100 億元以上之公司。

第二波（2017年）

金融監督管理委員會主任委員曾銘宗宣布，2017 年起強制編列 CSR 報告書的標準將下修至資本額新台幣 50 億元以上的企業。

資誠彙整

證交所及櫃買中心配合金管會的政策推動，亦公告「上市（櫃）公司編製與申報企業社會責任報告書作業辦法」，明定企業應每年參考全球永續性報告協會（Global Reporting Initiatives, GRI）發布之最新版永續性報告指南、行業補充指南及依行業特性參採其他適用之準則，編製前一年度的企業社會責任報告書。

最新版本的永續性報告指南 GRI 準則（GRI Standards）於 2018 年的 7 月 1 日正式適用。透過通用準則與特定主題準則，提升 CSR 報告架構的靈活性，逐步成為全球非財務資訊的共通語言。

受到金管會強制上市（櫃）特定公司編製 CSR 報告政策的推動，根據「2018 臺灣永續報告現況與趨勢」調查統計，2017 年公開出版的 CSR 報告書已有 515 本，已連續四年達到雙位數的成長。其中國內營收前 100 大企業，更已有高達 88% 都編製 CSR 報告書，

顯示越來越多企業意識到利害關係人關心企業營運與環境、社會的相關議題，並以 CSR 報告書做為資訊揭露與溝通的平台。

除了數量的成長，CSR 報告書品質亦有所提升，尤其是取得第三方保證／確信比例持續成長至 49%，顯示即便法規強制力道還未擴及大部分上市上櫃公司，但企業早已認同並重視 CSR 資訊揭露與可信度。其中由會計師事務所採用審計基礎確信的市占第一名為 PwC，整體保證／確信機構前三名業者連續三年皆為 BSI、SGS 與 PwC，三者合計占整體近七成的保證／確信市場。

圖 1-4　臺灣企業社會責任發展藍圖

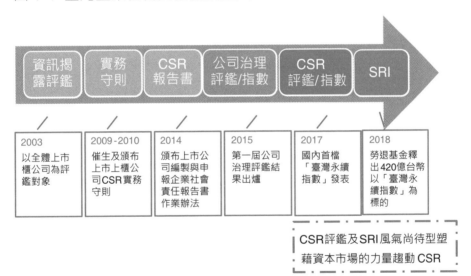

資誠彙整

邁向低碳永續發展的里程碑：巴黎協議

2015 年底聯合國第 21 屆氣候變遷會議（COP 21）達成歷史性的《巴黎協議》，多達 195 國於會議決議通過，宣示共同對抗氣候變

遷，達成減碳共識，並展開更多實際行動，邁向一個低碳永續的未來。《巴黎協議》經由其排碳量超過全球總量55%的國家簽署，並於2016年11月4日正式生效。

隨著世界各國皆強烈意識到氣候變遷對全球發展的巨大威脅，使全世界排碳量最大、最關鍵的美國和中國也表態支持。根據聯合國「跨政府間氣候變遷小組」(IPCC)估計，若政府、企業不採取任何減排措施，2050年全球平均氣溫即將上升攝氏2度，屆時地球上兩億人居住的地方、臺灣北部淡水河沿岸一半區域，都將泡在水裡。

《巴黎協議》的通過之所以備受關注，具有幾項關鍵的意義。這是人類有史以來，首份要求所有國家減少碳排放量、對抗氣候變化的協議，比1997年制定的《京都議定書》，來得更有效力。可預期未來使用煤、石油驅動的商業模式，將逐漸式微。

相較於過往的氣候峰會，《巴黎協議》更加重視企業的角色，會中直接邀請企業界與各城市共同推動《解決方案議程》(Solutions Agenda)的發展。另外，全球減碳義務從已開發國家擴大到中國、印度等開發中國家。更重要的是達成改變人類未來生活的三大重要共識：

1. 21世紀末，全球平均氣溫與前工業時代相比，上升不超過攝氏2度，並朝攝氏1.5度的目標邁進。

2. 協議於2020年後生效，簽署並通過協議的國家，須訂定減碳目標，2023年開始，每五年重新檢討、精進。

3. 已開發國家提供1,000億美元「氣候資金」，幫助開發中國家因應氣候變化。

《巴黎協議》雖未訂定具約束力的減排目標，但有超過 180 個國家提出「國家自定預期貢獻」(Intended Nationally Determined Contribution, INDC) 目標，並承諾追求經濟的「綠色成長」。為使自主減排不落於空談，簽署國未來每五年將對各國溫室氣體減排承諾執行狀況做一次檢討。

面對國際減碳趨勢，臺灣雖非締約國但絕不會被排除在減碳需求之外，政府於 2015 年 7 月發布《溫室氣體減量及管理法》，明訂 2050 年碳排放，將回到 2005 年的 50% 以下。並通過「國家自定預期貢獻」(INDC)，宣示 2030 年減碳較 2005 年減少 20%。因此行政院特別成立「能源及減碳辦公室」，除持續推動 2025 年達成非核家園外，更致力於再生能源發電量達到 20% 的目標，加入低碳時代成員。

圖 1-5　PwC 全球 CEO 氣候變遷調查

一、CEO 們最關心的三件事

- 能源價格提升 (61%)
- 政府法規增加 (56%)
- 供應鏈中斷 (51%)

二、CEO們正在「氣候領導」(Climate Leadership) 的旅程上

- 高達 81% 會積極保護未來一代的利益。
- 63% 會對氣候變遷採取行動以提升企業聲譽。
- 58% 會與供應商建立夥伴關係處理氣候變遷風險與機會。
- 55% 則會與消費者合作共同對抗氣候變遷相關議題。

三、CEO 們已經清楚知道

- 現在的短期問題如能源成本和法規遵循，將成為未來競爭力與營收成長的威脅。
- 氣候變遷將帶來廣泛影響，包括從能源和產品價格，到物流和原物料來源，以及投資、人才和客戶維繫等重大商業議題。

資誠彙整

其實在 Cop21 召開前夕，PwC 全球聯盟組織就率先公布全球 CEO「氣候變遷風險調查報告」[1]，發現 63% 的 CEO 會對氣候變遷採取行動以提升企業聲譽，54% 的企業已經開始進行策略性投資，為取得綠色成長優勢而努力。許多企業也意識到消費者除關心產品品質與設計外，也在意對永續生活的影響，因此有 75% 的 CEO 提及，他們正在發展更永續的產品或服務。

巴黎協議 讓碳交易規則成形

《巴黎協議》除了凝聚全球的減碳共識外，另一個重大影響就是促使碳交易的規則成形。國際排放交易協會 (International Emissions Trading Association, IETA) 就指出《巴黎協議》中第六條內容，提出碳交易市場未來的發展以及企業在交易市場中所扮演的角色，使碳定價議題也跟著浮出檯面，各界均意識到應賦予碳合理的價格，以有效地將資金導向綠色經濟，進而減緩溫室氣體排放。

具體來說，《巴黎協議》中第六條指出碳交易市場的兩項重要機制特徵。首先，國家間可交易「國際轉讓減緩成果」，提供藉由彼此合作達成國家自定預期貢獻的目標；其次是類似京都議定書的「共同履約」，意即已開發國家在開發中國家以專案投資方式取得減排額度，建立導引溫室氣體排放減緩的機制。

可以預期，下一階段聯合國將著手訂定各國間碳權轉讓的會計、

1　PwC 全球 CEO 氣候變遷風險調查報告於 2015 年 7 月公布，針對全球 142 位跨國企業 CEO 進行。

各排放交易體系以及不同行業或專案連結的方法，這將有助於碳定價逐步擴展到新興經濟體中。

實務上，碳定價已經是企業管理氣候變遷下環境風險最重要的步驟，2015 年碳揭露計畫（CDP）報告指出全球超過 1,000 家企業已為碳排放進行定價，或是預計於近兩年內推行，這個結果是 2014 年調查的 3 倍。而與 2010 年相比，進行碳排數據揭露與查證的企業也多了 2 倍。顯示氣候變遷已經成為主流企業的決策議題之一。

圖 1-6　5 年間碳排數據揭露與查證企業　比例多 2 倍

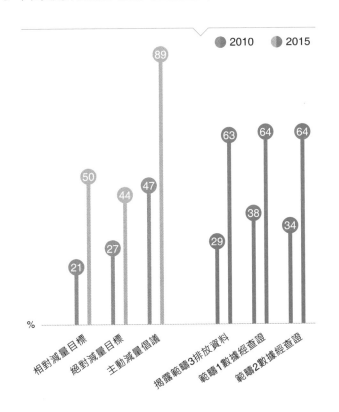

資料來源：CDP, 2015 report

氣候變遷 是危機更是商機

根據聯合國「跨政府間氣候變遷小組」(IPCC)研究指出，只要氣溫上升攝氏一度，全球人均國內生產毛額 (GDP) 就會下降 8.5%，當每個人的荷包越來越扁，企業的營運支出也將大於收入。反之，把危機化為轉機，未來 15 年，這至少是 10 兆美元（約新台幣 330 兆元）以上的商機。

美國微軟創辦人比爾·蓋茲、Facebook 創辦人祖克伯、亞馬遜執行長貝佐斯、中國阿里巴巴集團創辦人馬雲、印度金控集團 Tata Sons 前董事長拉坦·塔塔、投資大亨索羅斯等全球 28 位企業巨擘，於《巴黎協議》期間宣布成立「突破能源聯盟」(Breakthrough Energy Coalition)，將與美、印度等 20 國政府合作，推動「創新使命」(Mission Innovation)運動，把潔淨能源的創新技術應用到市場，協助因應全球暖化。

儘管後巴黎協議時代，企業營運環境日益嚴峻，資誠建議企業因應《巴黎協議》規範，可透過以下六項參與氣候議題的途徑，化危機為商機，發展自身創新競爭力，包含：

1. 採取有科學根據的行動
2. 成為「碳定價」的擁護者
3. 將氣候解決方案融入公司的核心業務
4. 參與 WBCSD 最新倡議「低碳科技夥伴倡議」(LCTPi)其中之一的解決方案領域
5. 參與領袖會議
6. 持續關注最新的氣候議題重要發展

第二節　國際對「企業社會責任」的訴求不斷提升

聯合國「永續發展目標」（SDGs）

聯合國在 2015 年發布《改變我們的世界－ 2030 永續發展議程》（Agenda 2030）文件，希望各國政府以全球永續發展的高度和視野來制定相關對策。期盼透過 15 年的積極推動，號召各國政府、企業、各界利害關係人共同達成 17 項永續發展目標（Sustainable Development Goals, SDGs）（詳見圖 1-7）。

PwC 永續發展服務進一步將這 17 項 SDGs 分類為五個「P」，包括：

1. People 人類：SDG 1- 6
2. Prosperity 繁榮：SDG 7-11
3. Planet 地球：SDG 12-15
4. Peace 和平：SDG 16
5. Partnerships 夥伴：SDG 17

其實聯合國提出的 17 項永續發展目標並非全新議題，早在 2000 年聯合國舉行的千禧年大會當中，與會的 189 個國家就曾共同簽署「千禧年宣言」（United Nations Millennium Declaration），承諾在 2015 年前要達成的 8 項「千禧年發展目標」（Millennium Development Goals, MDGs）。這八項目標分別為：貧窮和飢餓、普及教育、性別、降低兒童死亡率、改善產婦保健、對抗疾病、環境永續及全球合作促進發展。

圖 1-7 聯合國永續發展目標

資料來源：UN Sustainable Development knowledge Platform；資誠編譯

根據聯合國 2015 年 7 月發布的 "The Millennium Development Goals Report 2015" 的成果來看，「千禧年發展目標」在各項目標上確實有明顯的進步，但仍有許多挑戰有待努力，像是性別不平等、貧富差距等問題仍然存在；複雜的環境問題持續惡化，未見改善；地域之間的分歧日益嚴重等。

不過 MDGs 的成功，證明採取行動與密切合作是有可能翻轉世界邁向永續。因此，在 2012 年聯合國於巴西里約召開的地球高峰會（Rio＋20），一致決議以「永續發展目標」（SDGs）接替於 2015 年到期的 MDGs，做為全球 2016～2030 年的永續發展主軸，並於 2015 年 9 月正式採納永續發展目標決議，其中包含 17 項目標（Goals）及 169 項細項目標（Targets）。

圖 1-8　全球永續發展概況

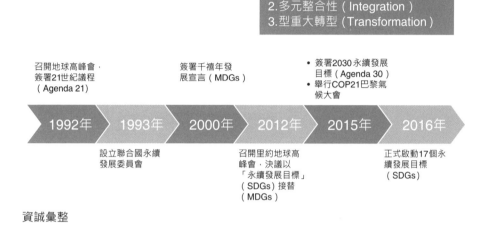

SDGs三大特色：
1.廣泛性（Universality）
2.多元整合性（Integration）
3.型重大轉型（Transformation）

召開地球高峰會，
簽署21世紀議程
（Agenda 21）

簽署千禧年發
展宣言（MDGs）

• 簽署2030 永續發展
目標（Agenda 30）
• 舉行COP21巴黎氣
候大會

| 1992年 | 1993年 | 2000年 | 2012年 | 2015年 | 2016年 |

設立聯合國永續
發展委員會

召開里約地球高
峰會，決議以
「永續發展目標」
（SDGs）接替
（MDGs）

正式啟動17個永
續發展目標
（SDGs）

資誠彙整

SDGs 牽引各國產業政策　引領永續商機

17 項永續目標正式啟動後，不僅歐洲、美國陸續在立法部門成立
SDGs 專責單位，臺灣亦在 2017 年由立法院正式成立「聯合國永
續發展諮詢委員會」，首要目標是監督行政院推動符合 SDGs 的
具體施政方案。同年，行政院環保署於紐約對外發布首份落實聯
合國永續發展目標的「國家自願檢視報告」；此後，行政院國家永
續發展委員會正式提出我國永續發展目標草案。

根據聯合國統計，累積至 2017 年底全球不含臺灣已有 43 個國家
提出永續發展目標自願性國家檢視報告 (VNR)，顯示各國對
SDGs 的高度重視。未來將會有更多國家提出 VNR，資誠認為，
可預期未來將有更多 SDGs 相關政策法令的頒布，並將對商業活
動帶來重大的影響。企業不僅要密切關注愈趨嚴格的永續發展規
範，也應加強回應國家發展重點 SDGs。

除了政策衝擊外，SDGs 亦為全球企業凝聚了一致的永續目標與共同語言，開創新的商業合作契機與市場。根據 2017 年 Better Business, Better World（BSDC）指出，從現在一直到 2030 年，全球每年將有 12 兆美元營收及 3.8 億就業機會與永續目標有關，包括糧食和農業、城市、能源和材料、健康與福祉四大領域。

圖 1-9　為什麼 SDGs 對企業很重要

發現未來商機

提高企業可持續發展的價值

深化利害關係、符合政策方向

穩定社會和市場

共同語言和共同目標

資料來源：SDG Compass, The grade for Business action on the SDGs；資誠編譯

為了讓企業可以快速理解與呼應「永續發展目標」，全球永續性報告協會（Global Reporting Initiative, GRI）、世界企業永續發展協會（World Business Council for Sustainable Development, WBCSD）與聯合國全球盟約（United Nations Global Compact）共同制定《SDG Compass》。期望引導企業根據 SDGs 調整其經營策略，無論是大型企業或中小企業都能參考使用，並評估出企業對

這些永續目標的貢獻程度，藉此提出相對應的管理措施。《SDG Compass》制定了五大步驟，協助企業檢視核心業務與 SDGs 之間的連結性。

1. 深入了解 SDGs：企業應該先了解 17 項目標（goals）與 169 項細項目標（targets），並初步篩選出這些目標與企業之間的關聯性。

2. 確定優先事項：在 17 項永續發展目標中，不一定所有目標都與企業有直接關聯，對於每一個目標，企業可以創造的價值與貢獻程度皆不相同。建議可以先從價值鏈的角度評估，檢視自身營運對於 SDGs 造成的正負面影響，藉此制定優先事項。

3. 設定明確目標：設定具體、可衡量且有時效性的目標，將有助於促進企業內部共同推動優先事項之執行成效。

4. 策略整合：將 SDGs 永續發展目標整合到核心業務，包括產品與服務、客戶關係、供應鏈管理、原物料採購、交通運輸與廢棄物處理等，並鼓勵合作夥伴加入策略整合的規劃中，使其更有效的達成目標。

5. 報告與溝通：為了回應利害關係人的需求，企業可以透過 CSR 報告或網站等溝通管道，定期揭露永續發展目標之達成進度與績效成果。

圖 1-10 SDG 企業永續指南(SDG Compass)

幫助企業快速連結永續發展目標

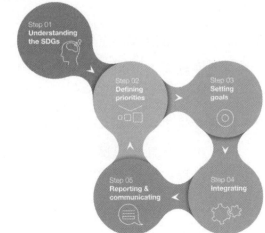

五大步驟：

1. 深入了解 SDGs
2. 確定優先事項
3. 設定明確目標
4. 策略整合
5. 報告與溝通

資料來源：SDG Compass；資誠編譯

在永續發展目標正式實施的前後年，資誠均進行了全球企業調查；根據 PwC Global 資誠全球永續部門在 2015 年底發表的調查報告 "Make it your business: Engaging with the Sustainable Development Goals"的關鍵發現：

● 92% 的企業已意識到 SDGs 的議題將影響企業，71% 的企業已經開始進行 SDGs 相關的因應政策與策略的規劃。

● 49% 的企業及 45% 的民眾認為政府應該為是否達成 SDGs 負起主要責任。

● 90% 的民眾認為企業因應 SDGs 很重要，78% 民眾更願意購買企業因應 SDGs 的商品或服務。

● 企業與民眾最具有共識的永續發展目標是目標 12：氣候行動。

在 SDGs 實施近兩年後，PwC SDGs 全球大調查（PwC Global SDG Reporting Challenge 2017）結果顯示 62％的企業正在向利害關係人報告 SDGs，比預期高；其中有 37％的企業選擇透過排序的方式進行報告，25％的企業雖有提到永續發展目標，但沒有選擇優先落實重點。

另外，最常被選擇回應的 SDGs 為「目標 13：氣候行動」、「目標 8：就業環境與經濟」以及「目標 12：責任消費與生產」；而最少被回應的為「目標 2：消除飢餓」、「目標 1：消除貧窮」及「目標 14：海洋生態」等目標。然而，企業排序較高的 SDGs 與一般民眾排序及國家重點 SDGs 並不一致，值得關注。

資誠身為聯合國發展 SDGs 相關行動方案的合作夥伴之一，觀察到多數已揭露 SDGs 相關作為的企業僅止於 CSR 績效與 SDGs 的連結，但並未展現企業永續策略如何回應 SDGs 以及藉此發展出 CSR/SDGs 的具體成果。有鑒於此，資誠已開發出一系列評估工具如 PwC SDG Selector，協助企業快速瞭解自身可發展的 SDGs 項目，以因應未來的風險與找尋核心業務的機會。而 PwC SDG Navigator，協助企業進行 169 項子目標的缺口與熱點盤點，幫助企業建構一個完整、績效透明且能追蹤的報導系統，真正邁向 SDGs 新經濟！

綠色貿易趨勢來臨

目前國際間常見的兩種主要碳定價機制為課徵「碳稅」(Carbon Tax)與「碳排放交易體系」(Emissions Trading System, ETS)。「碳稅」課徵是透過稅收手段，抑制企業排放過多溫室氣體。「碳排放交易」則包含總量管制與交易制度(Cap-and-Trade system)，以總量管制為主，交易為輔，在激勵綠色經濟發展下，同時控制排放總量。企業可透過減排措施，將節省下來的政府核配額度在碳交易市場出售換取資金；但若企業減排成效不佳，核配額度不敷使用，則需要在碳交易市場購買額度，付出資金彌補超額的排放量。

在碳稅制度下，僅能以財政手段增加稅收，無法事先規劃預期減碳量；而碳交易制度，由於是在總量管制計畫下執行交易，故可以據此規劃國家整體碳排放量。

全球目前已有 40 多個國家實施碳交易，鄰近臺灣的各國亦積極展開相關制度規劃：南韓碳交易制度已於 2015 年上路；新加坡預計於 2019 年起課徵碳稅；而日本則正嚴謹規劃相關機制中。排放量占全球總量近 30% 的第一排放大國──中國，更早在 2012 年於北京、天津、重慶、湖北、上海、廣東及深圳等 7 大省市開展碳排放權交易試點，並於 2017 年下半年啟動大陸「全國碳排放交易體系」，正式進入「二氧化碳買賣」時代。

國際社會為因應全球氣候變遷風險，積極研擬從國家層級、企業層級的各項規範，逐步走向綠色經濟時代。2016 年先有《巴黎協議》正式生效，取得中、美、英等排碳大國及新興國家的支持。

圖 1-11　亞洲碳交易加速推行中

未來

2019

2017

2015

2012

日本規劃相關機制中

新加坡開徵「碳稅」

中國大陸碳交易

南韓開始碳交易

中國七大城市，碳交易試點

資誠彙整

2017 年 G20 國家更參考國際金融穩定委員會氣候相關財務揭露專案小組所編製的《氣候相關財務揭露建議書》（Recommendations of the Task Force on Climate-related Financial Disclosures）做為企業財務揭露的實務指引。未來金融市場投資、借款或保險商品開發及決策的擬定，都將參考企業所揭露的氣候相關財務影響。

根據世界經濟論壇（World Economic Forum）最新發布的《2018 年全球風險報告》（Global Risks Report 2018）中，氣候變遷衍生的相關風險已連續第六年蟬聯重大可能發生及潛在重大影響的前五大風險之一。氣候變遷導致的極端氣候事件，對國家、對企業均造成嚴重影響，這是全球的議題，也是企業即將面臨的挑戰。

對於這樣的挑戰，G20 國家財務首長及中央銀行總裁瞭解，沒有可靠的資訊，就無法執行具體管理作為！因此，國際金融穩定委員會於 2015 年底成立氣候相關財務揭露專案小組（Task Force on Climate-Related Financial Disclosures, TCFD），提出與氣候相關之財務風險揭露建議，藉此為企業提供投資人、融資人、保險人及其他利害關係人攸關並可靠的財務基礎衡量資訊。TCFD 已於 2017 年正式發布最終結論，其四大核心要素如下：

圖 1-12 《氣候相關財務揭露建議書》四大核心管理要素

資料來源：Task Force on Climate-related Financial Disclosures June 2017 Overview of Recommendations。

面對氣候變遷財務化的未來趨勢，企業應掌握哪些關鍵議題和因應策略，將在本書第四章有更詳盡的介紹。

永續投資日益興盛

回顧企業永續發展一路以來，各國前期無不依靠法規的強制力、推動及強化企業意識、進而落實企業社會責任。嗣後，資本市場開始導入永續投資的觀念，發展明確的篩選指標，透過投資的「拉力」快速驅動企業更加關注企業社會責任的實踐。畢竟，一個好的永續企業，除了獲得獎項、輿論的肯定，更應落實到投資方的青睞與支持行動上，這樣才能創造多贏，這就是社會責任型投資的意義。

社會責任型投資（socially responsible investment，SRI）或稱永續投資在歐美國家已經發展超過 20 年，其投資原則係關注單一投資標的是否對經濟繁榮有長久的影響，對社會的連結要增加，對地球有限資源要永續使用。

國際上較知名的永續指數包括：道瓊永續指數（DJSI）、MSCI 永續指數等。臺灣過去也編製過幾檔相關的指數，像是：臺灣就業 99 指數、臺灣高薪 100 指數、公司治理 100 指數等，但真正以 ESG（環境、社會、公司治理）與財務指標共同篩選編製出的「臺灣永續指數」，卻是一直到 2017 年 12 月底才正式出爐，這是臺灣進入永續投資的一個重要里程碑！

事實上，全球永續投資發展越來越興盛。根據全球永續投資聯盟（GSIA）統計，截至 2016 年全球 SRI 總資產規模已超過 22.89 兆美元，已經超過全球總投資資產規模的 25%，而複合年成長率更達到 11.9%。光就美國而言，SRI 基金的總管理資產已增至 8.7 兆美元，從 2014 年以來增加了 33%。其中又以歐洲的投資規模為首，占全球 SRI 總資產規模 53%；美國次之，占 38%。

於 2005 年由前聯合國秘書長安南邀請全球大型機構投資人參與制定並簽屬的「聯合國責任投資原則」(PRI)也發布六大投資原則，截至 2017 年底，全球已有管理超過 69 兆美元資產的 1,713 個機構簽署加入。G20 國家近年也強調企業應重視利害關係人。目前機構投資人更有近 48%、遍及全球 18 國遵循盡責管理守則，顯示資本市場已經越來越具備此一意識，將 ESG 納入投資考量的原則勢必逐漸成為主流。

國際上另一個重要的責任投資原則為英國碳揭露專案組織(Carbon Disclosure Project, CDP)。CDP 自 2003 年由主流法人投資機構發起，目的為鼓勵公私部門測量、管理溫室氣體排放、減少氣候變遷的衝擊，並以投資風險概念促進企業揭露溫室氣體資訊並進行減量。由於氣候變遷已是投資機構重要的投資考量項目之一，各大金融機構紛紛簽署支持 CDP，至 2018 年 7 月已有 767 家投資機構參與，其總資產規模達 92 兆美元。

由上述各種永續投資規模日益成長，更加印證國際投資者亦開始要求企業應朝向永續發展方向經營。因此，不論是全球政府一致遵循的「聯合國永續發展目標」，或是全球貿易即將掀起的綠色貿易趨勢，還是國際資金日益以永續投資原則挑選投資企業。在在顯示，國際社會對「企業社會責任」的訴求正不斷提升！

第三節　永續－企業的新競爭力

隨著國際、國家層級的永續發展規範日益明確，日趨嚴苛，越來越多企業已經將 CSR 從被動回應轉換為內部常態化的管理議題，並且從過往以 CSR 資訊揭露為主，提升至主動檢視永續發展的商

業機會，訂定年度 CSR 績效目標，定期對利害關係人揭露達成狀況，構築企業永續競爭力。

許多國際標竿企業為了彰顯自身的永續競爭力，陸續加入具影響力的大型聯盟，透過公開承諾、第三方認證、平台串聯等方式，持續提升自身的永續競爭力。臺灣企業做為全球供應鏈的重要一環，勢必受到國際品牌客戶在邁向永續發展道路上，越來越多的供應鏈管理要求。企業若不及早正視永續發展議題，不僅錯失未來重要的商業機會，更可能因不符合供應鏈規範而失去訂單。以下介紹幾個重要的永續議題倡議聯盟，以了解國際標竿企業正在發展的重要目標。

RE100：100% 使用再生能源企業聯盟

2015 年通過歷史性的《巴黎協議》，全球 193 國共同達成減碳共識後，各國減碳發展腳步持續加大。除了提高能源效率外，歐美國家更是積極發展再生能源，企業間更發起「RE100」全球性行動，承諾將 100% 使用再生能源。作為全球供應鏈要角的臺灣企業，勢將面臨供應鏈全面綠化的龐大壓力。

「RE100」是由氣候組織（Climate Group）與碳揭露組織（CDP）在 2014 年共同合作成立的企業間組織，目標在 2020 年有 100 家大型企業公開承諾在全球達成 100% 使用再生能源的時程。加入的企業成員們除了公開允諾 100% 使用再生能源的目標，每年需以公開透明的原則向聯盟報告能源使用狀況，並由第三方具公信力團體認證。

自 2008 年至今，太陽能發電成本已大幅調降 50% 之多，持續下降的發電成本，讓再生能源成為企業永續發展顯而易見且普遍的選擇。但部分國家的再生能源發展腳步相對落後，讓跨國企業要達成 100% 使用再生能源的目標出現障礙。因此聯盟也認同企業可藉由購買再生能源信用額度（renewable energy credits），直接向發電者購電，或就地自行生產綠電等方式來達到目標。

截至 2018 年 6 月底，全球已有 137 家企業加入，包括 Apple、Google、微軟、IKEA、花旗銀行、Bloomberg、BMW 集團等；臺灣目前僅有「大江生醫」一家企業審核成功入選。當這些國際大廠開始結盟，並逐步要求供應鏈全面綠化時，勢必會對臺灣產業產生巨大的壓力。更多關於「RE100」的最新發展，可參考官方網站 http://there100.org/。

CE100：循環經濟企業聯盟

過去傳統的經濟思維，從開採到廢棄，是一個單向、線性的經濟模式，造成資源使用效率低落、產生龐大的廢棄物與過度生產、過度消費。為了改變此一問題，「循環經濟」（Circular Economy）思維興起。

循環經濟從「資源」的角度來重新思考產品、供應鏈關係、商業模式；讓環境影響與經濟、社會成長相互脫鉤。其常見的五項商業模式包括：循環供應（Circular Supplies）、資源回復（Resource Recovery）、延長產品壽命（Product Life Extension）、共享平台（Sharing Platforms）、產品即服務（Product as a service）。

根據世界經濟論壇與麥肯錫顧問公司、艾倫‧麥克阿瑟基金會共同發表的研究報告指出,「循環經濟」透過生產端的重新設計,讓所有零件都能達到再維修、再利用、再製造的循環效益,在 2025 年前將創造 5 億美元的淨收益、10 萬個新工作、100 萬的就業機會,並可減少 1 億噸的原料浪費,而這正是臺灣產業轉型升級的重要方向。

目前歐洲為最積極推動循環經濟的地區,包括設立相關法令、設置循環經濟園區等。其中又以「艾倫‧麥克阿瑟基金會」(Ellen MacArthur Foundation) 為主要領導組織。2013 年該基金會推動「CE 100」(Circular Economy 100) 計畫,號召 100 家具循環經濟思維、創新的先驅企業、學術機構、新創企業組成聯盟,共享建構循環經濟的商業架構、設計、技術,加速循環經濟轉型,擴大循環經濟商業規模。

各產業的龍頭企業紛紛響應循環經濟理念,包括飛利浦、聯合利華、Apple、Google、可口可樂、思科系統 (Cisco)、H&M 等,都加入 CE100 聯盟,承諾朝向循環商業模式。

面對循環經濟浪潮,臺灣在 2017 年推出「5+2 產業創新政策」包含「綠能科技」、「亞洲‧矽谷」、「生技醫藥」、「國防產業」、「智慧機械」再加上「新農業」、「循環經濟」等 7 大項目。行政院國家發展委員會表示,藉由 5+2 產業連結國際市場與技術,提升在地完整供應鏈,加速開發具循環經濟理念的關鍵新產品,並透過國家級投資吸引更大的投資動能。除了有首創「政院選題、各部會競爭」的 100 億元五大創新產業旗艦計畫外,也將與民間共同投入 600 億元打造沙崙綠能科學城。

國內外循環經濟發展項目正如雨後春筍般誕生，因此，即便臺灣企業未加入 CE100 聯盟，亦不可忽視發展循環經濟轉型議題，以免錯失未來重要的商業市場。更多關於「CE100」的最新發展，可參考官方網站 https://www.ellenmacarthurfoundation.org/

SBT 聯盟：科學基礎減碳目標聯盟

《巴黎協議》後，著名的碳揭露專案組織 CDP 為加大力度號召企業響應全球減碳行動，在 2015 年發起「Commit to Action」活動，「承諾採行以科學為基礎的溫室氣體排放減量目標」（Science-based Target, SBT）。

隨後，CDP 與聯合國盟約組織（United Nations Global Compact, UNGC）、世界資源研究所（World Resource Institute, WRI）與世界自然基金會（World Wildlife Fund,WWF）等非營利機構共同創立 SBTi（SBT initiative），其任務為協助制訂適用各產業的 SBT 建立工具、指引、並提供審查服務與技術支援，該組織期望在 2018 年能促使 SBT 成為企業標準化的行動，以彌補各國政府於《巴黎協議》時承諾減量的缺口。

根據 SBTi 統計，至 2018 年 6 月底止，全球已有 421 間公司承諾提出 SBT，總市值超過一個美國那斯達克證券交易所，而其每年所排放的溫室氣體量達 750 百萬公噸，相當於 158 萬小客車每年排放量。

國際知名企業如 Nike、Levis、Dell、沃爾瑪、Tesco、AMD、Toyota、Sony、HSBC、雀巢、聯合利華等皆已參與公開 SBT 的行列，臺灣有 8 家企業進行承諾，包括台達電子、台積電、富邦

金控、友達光電、台灣大哥大、中國鋼鐵、仁寶電腦、力成科技。其中，台達電子與資誠合作為臺灣第一家通過 SBTi 審核確立其減排目標為 SBTi 之企業。

由於國際知名品牌公司已陸續公開承諾 SBT，臺灣在全球供應鏈扮演重要的角色，應關注自身客戶 SBT 的發展，因為其承諾的範圍可能包括供應鏈減量管理，勢必會對國內企業造成影響力。

第二章

永續管理新思維：
從企業使命談起

第一節　永續思維的演進－從 CSR 1.0 到 CSR 4.0

企業社會責任的概念不斷演進。最早「企業社會責任」一詞大約在 1900 年初期形成，當時許多大型跨國企業不斷遭受到非政府組織的抗議，因而爭相為自身企業活動對環境、社會的影響提出報告。此時企業社會責任指的是組織對外的承諾約定，而具體作為多屬於公益慈善行動，本書稱之為「CSR 1.0 時代」。其後，各界對企業的要求逐步擴大至生產等營運環節，並發展出如供應鏈管理、遵循或改善生產過程對環境的傷害、杜絕血汗工廠等，進入「CSR 2.0 時代」。

21 世紀以後，由企業本身核心競爭能力延伸發展的策略型企業社會責任開始廣為企業界重視。許多企業開始從自身產品與服務來發展 CSR 專案，如研發綠色產品、以企業服務進入社區參與等，讓企業自身與其利害關係人共同受惠，即「CSR 3.0 時代」。隨著國際政府陸續制訂各類 CSR 報導原則，引導企業朝向整合價值取代財務價值的評價方式。企業社會責任亦演進為企業透過財務與非財務的整合性思維，管理組織內外部的變革，進而創造價值的企業永續發展策略，意即「CSR 4.0 時代」。

「企業社會責任」除了在概念上不斷演進，國際間對於企業資訊揭露的要求也持續提升。隨著現今大環境瞬息萬變，企業僅僅只是揭露財務資訊，顯然不足以滿足所有利害關係人的需求。因此，企業所需編製的報告書已從傳統的財務報告書，擴大至非財務資訊的環境報告書、企業社會責任報告書（Corporate Social Responsibility Report）或是永續報告書（Corporate Sustainability Report）。近年來，國際間更積極倡議企業應朝向包含財務與非

圖 2-1　CSR 對企業及利害關係人的意義不斷演進中

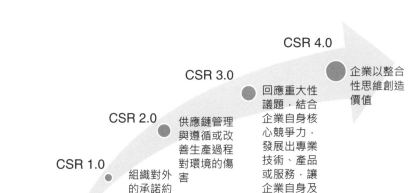

CSR 4.0
企業以整合性思維創造價值

CSR 3.0
回應重大性議題，結合企業自身核心競爭力，發展出專業技術、產品或服務，讓企業自身及其利害關係人受益

CSR 2.0
供應鏈管理與遵循或改善生產過程對環境的傷害

CSR 1.0
組織對外的承諾約定，具體作為多屬公益慈善類之行動

資誠彙整

財務資訊的整合性報導（Integrated Reporting）進行資訊揭露。

科技日新月異，使全球的外在環境劇烈變動，企業內部的決策亦持續創新轉型，傳統財務報表對投資人所提供的資訊嚴重不足，企業的利害關係人很難透過一本靜態的報告了解企業經營的樣貌。而整合性報導能夠完整盤點出企業所處產業鏈、影響組織的外部環境，以及六大資本（財務資本、製造資本、人力資本、智慧資本、社會與關係資本、自然資本）與組織的相互關係，進而說明企業如何在短、中、長期創造價值。從此趨勢來看，整合性報導必將成為未來企業對外溝通的主流媒介。

這樣的進展，顛覆了企業報告只是一本靜態報告書（Report）的思維，演進成動態報導（Reporting）的新觀點。也就是說，企業必須從過去只是出版一本靜態的、回顧歷史的、公關性的報告書，

轉變成持續掌握企業內外部動態，並與利害關係人／投資人溝通
的企業管理流程，甚至成為企業決策的一環。更重要的是，透過
不斷的溝通，讓各類利害關係人了解企業正在運用什麼策略並如
何持續創造其短、中長期價值的過程。

圖 2-2 企業資訊揭露的演進

財務報告	CSR 報告書或永續報告書	整合性報導
• 財務資訊 • 過去(短期) • 強制 • 國際會計準則理事會（IASB）、國際財務報導準則(IFRS)、美國財務會計準則委員會(FASB)	• 非財務資訊 • 未來(長期) • 強制+自願 • 全球永續性報告協會(GRI)	• 財務+非財務 • 過去+未來(短、中、長期) • 強制+自願 • 國際整合性報導委員會(IIRC)、永續會計標準委員會(SASB)、國際會計準則理事會(IASB)、國際財務報導準則(IFRS)、美國財務會計準則委員會(FASB)、碳揭露專案(CDP)、氣候揭露標準委員會(CDSB)、全球永續性報告協會(GRI)、國際標準化組織(ISO)、投資機構…等

資誠彙整

第二節　CSR 管理工具－整合性思維

「國際整合性報導架構」（The International Integrated Reporting
Framework，簡稱 The <IR> Framework）是由國際整合性報導委
員會（The International Integrated Reporting Council，簡稱 IIRC）
發起，自 2011 年起邀請 PwC Global（資誠全球聯盟所）、
WBCSD（世界企業永續發展協會）以及國際間的各標準制定單
位，如財務會計界的 FASB、IASB、SASB，環境工程界的 CDP
碳揭露專案、國際標準化組織 ISO，CSR 報告書指引的倡議者
GRI、各國際投資機構等，透過 100 多家企業率先參與 Pilot

Programme，共同討論制定出一套可以整合這些標準的企業報導方法，於 2013 年 12 月正式發布「<IR> 國際整合性報導架構」，使全球企業資訊揭露的報導方式產生新的變革。

這套架構提供企業一套系統性的整合性思維及價值創造管理流程，幫助企業綜覽管理的全貌，協助企業釐清是哪些策略奏效因而創造出價值，並且了解投入和產出之間的連結和相互關係，進行更有效的管理。

直到 2015 年底為止，全球已經有超過 1,000 家企業發布整合性報告，其中，南非證券交易所強制其上市公司約 400 多家必須出具整合性報告，其他約有 600 多家屬於自願性發布。許多全球的標竿企業都已經率先採用，引領潮流，非常值得國內先進思考我國跨國企業 CSR 的下一步策略。

一、整合性報導的主要目的

整合性報導的目的是希望企業整合財務報告與非財務資訊，提倡一種更連貫、更簡潔、策略聚焦和未來導向的企業報導方式，讓投資人及利害關係人更容易了解企業的策略和企業如何在短、中、長期創造價值的方法，使資本獲得更具效率和生產力的配置，進而做為推動財務穩定性和永續性的一種力量。預期隨著時間的推移，整合性報導將逐漸成為企業對外溝通的新趨勢、企業報導的基準。

整合性報導架構正體中文版翻譯審議委員之一、臺灣證交所副總經理簡立忠亦表示，整合性報導提供了一套非常具體化、系統化且非常適用企業實務操作的工具，值得企業學習與參考。目前主

管機關雖未強制上市櫃企業必須編製整合性報導，但近年主管機關積極推動的強化資訊揭露、公司治理藍圖、企業社會責任等概念，甚至企業上市前，必須説明其內控、董事會如何運作、外在環境威脅與機會等，與整合性報導所強調的精神相符。

二、整合性報導的效益

為了回應投資人的要求，許多國際標竿企業（如飛利浦、可口可樂、滙豐銀行、花旗集團、拜耳等），除了發布 CSR 報告以外，亦使用整合性報導的流程來説明企業財務與非財務活動間的相互關聯與作用，以及如何發展長期、永續經營的動能，以回應投資人對於企業價值及長期發展高度的關切，也因此透過整合性報導的指引，將「公司如何創造價值」的理論溝通，化為實際的導入。

相對於財務資訊，不論是 CSR 報告或是整合性報告，這些永續性活動或是非財務資訊的報導，是否真有其效益呢？根據 PwC 調查[1]，除了 11% 的受訪投資人表示不贊同外，大多數受訪的投資人都非常明確地表示，企業揭露其策略、風險、機會及其他的企業價值產生因子會對企業的資金成本有直接的影響，因為投資人願意給予這些企業更高的評等或更優越的利息。投資專家相信整合性報告架構的原則可以幫助他們進行更精準的投資分析。

此外，哈佛商學院的研究顯示出永續績效表現與股價確實存在高度關連。根據以下的研究結果，在過去的 20 年間，有效管理重要永續性議題的企業，其股價相較於未能有效管理這些議題的企

1　PwC（2014）. *Corporate performance: What do investors want to know? Powerful stories through integrated reporting.*

業，有高出近一倍的成長 [2]；亦即將管理資源有效投入在關鍵永續性議題上，並產生良好績效的企業 [3]，表現出最佳的股票報酬率。

圖 2-3　企業永續績效高低對於股價之影響—以 1 美元分別投資於兩者之股價變化

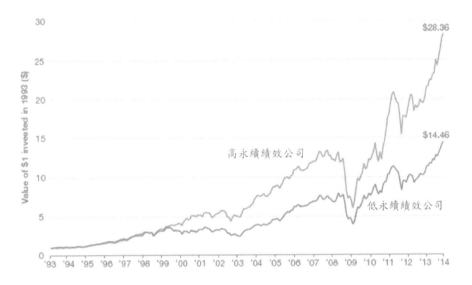

資料來源：Mo Khan, George Serafeim and Aaron Yoon (2014). Corporate Sustainability: First Evidence on Materiality. HBS working paper quoted in Serafeim (2014). Harvard Business School.

三、整合性報導是一種企業思維

整合性報導是一種企業的思維及報告型態。如果只看報告這部分，整合性報導將會變成像企業的年報、財務報表、永續報告或

2　Mo Khan, George Serafeim and Aaron Yoon（2014）. *Corporate Sustainability: First Evidence on Materiality*. HBS working paper quoted in Serafeim（2014）. Harvard Business School.

3　在調查中，關鍵議題是依美國永續會計準則委員會 SASB 所定義的產業別關鍵議題來進行分析。

是人權、公司治理等其他的報告。因而國際整合性報導委員會（IIRC）的執行長 Paul Druckman 曾說：「整合性報導並不是要跟目前既有的報告準則競爭。它像雨傘，匯集並連結當前各種不同的準則、架構及其他方法。對我們而言，企業的核心報告是整合性報告。我們可以預見，整合性報告將成為市場的主要文件。」

他認為整合性報導是一種催化劑，促使企業思考事情如何整合，如何連結，如何為組織創造價值。簡單來說，整合性報導具有三大關鍵要素：

1. 它是透過六種資本所創造出來的財務與非財務價值。

2. 它將引導企業思考如何將這些資本連結起來。他指出，企業商業模式最大的弱點在於企業各部門通常都獨立運作。整合性思維及整合性報告試圖要把這些獨立運作的部門整合起來。

3. 整合性報導看的是企業策略的完整面貌，因此整合性報導是衡量策略成功與否的關鍵。

四、整合性報導的四大型態

由於整合性報導架構旨在提供「指導原則」給組織或企業參考，而非一種絕對的標準或硬性的法規，因此，國際上看到的整合性報導型態各有不同類型，主要可區分為有限整合、合併、整合以及主要報告等四大類。

1. 有限整合（Limited integration）：仍然將財務與非財務資訊獨立成兩本報告，僅在財務報告中提及有關 CSR 或薪酬等資訊。

2. 合併（Combination）：將財務與非財務資訊合併在一本報告中，但內容各自獨立、沒有連結性。

3. 整合（Integration）：一本報告將財務與非財務資訊整合在一起，資訊相互有連結及關聯性。

4. 主要報告（Primary report）：一本主要報告中，包含年報、永續報告、CSR 網頁。這種形式最為周全完備，只是有太多報告。

圖 2-4　整合性報告的四種型態

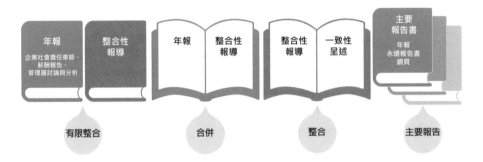

資誠彙整

五、整合性報導的價值創造過程

整合性報導的價值創造過程就是組織以願景與使命為背景，運用商業模式，投入各種資本，透過商業活動將其轉變為產出和結果，導致對資本的影響，使組織持續創造價值，亦即「永續創利」的概念。整合性報導架構中的「企業價值創造流程圖」（The value creation process），完整展現了企業管理整合性的邏輯思維。

圖 2-5 價值創造的過程(The value creation process)

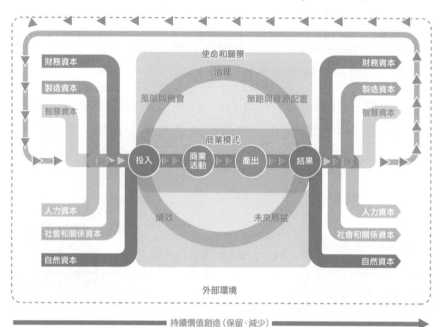

資料來源：國際整合性報導架構正體中文版 P.13; the International <IR> Framework,
International Integrated Reporting Council, 2013

整合性思維將影響組織持續創造價值能力，並將各種因素間的連結性和相互依存性納入考量，包括：

1. 組織使用或影響的資本，及資本間的重要相互依存性（包括取捨）。

2. 組織回應關鍵利害關係人合法需求和利益的能力。

3. 組織如何調整其商業模式及策略，以對其外部環境和自身面臨的風險和機會做出回應。

4. 以資本表達涵蓋過去、現在和未來的組織活動、績效（財務及其他方面）與結果。

六、價值創造過程的關鍵要素

關於上圖「價值創造的過程」，可細分為十項內容要素，以下將逐一說明。

(一) 使命 (Mission) 和願景 (Vision)

所謂「使命」是一家企業創立的目的和存在的價值，指引企業長期發展的方向和目標，亦是企業的自我期許，全體員工長期努力追求的理想，以及客戶認同的價值，描繪出企業未來的樣貌。因而，企業的治理階層必須參考所有利害關係人的需求和期望，訂定組織的「使命」和「願景」

相對於使命而言，「願景」更具體描繪出企業當前的主要目標，主要功能是定義如何衡量企業的成功，是對企業內部的一個管理工具，幫助定義內部系統及組織，以短期策略達成企業長期的「使命」。例如：聯合利華 (Unilever) 的使命宣言為「讓生活更具活力，使人們享受更完美生活」。在 2010 年訂出 2020 三大策略願景：事業規模倍增、減少對環境的不利影響、增加社會影響力。

(二) 治理 (Governance)

良好的公司治理必須具備有效的監督機制，促使董事會與管理階層以符合公司與全體股東最大利益的方式達成營運目標，落實企業經理人的責任，並保障股東的合法權益，兼顧其他利害關係人的利益，以實現企業社會責任的目標。

整合性報導對於治理的定義遠超過目前臺灣公司治理評鑑的要求，治理階層必須回答組織如何支持企業在短、中、長期創造價

值。因此，整合性報導中必須說明下列事項連結及創造價值的能力：

1. 組織的領導階層結構：包括治理單位的專業和多元性（例如：背景、性別、能力和經驗）；以及是否有影響治理結構的設計，並定期監管與更新。

2. 用於建構和監控組織文化的特定程序：包括組織面對風險的態度、處理誠信和道德議題的機制等。

3. 治理單位的特別行動：影響和監控組織的策略方向及其風險管理的相關行動。

4. 組織的文化、道德和價值觀：如何體現在組織對資本的使用及影響，包括如何影響與關鍵利害關係人之間的相互關係。

5. 組織的治理：正在執行的治理實務是否有超過法規的要求。

6. 創新：治理單位承擔促進創新的責任。

7. 薪酬和獎勵機制：如何與組織在短、中、長期創造價值做連結，包括薪酬和獎勵機制如何與組織對資本的使用和影響做連結。

（三）資本（Capitals）

對企業投入的資源，在整合性報導中分類為六大資本，分別是財務資本（可透過資本市場與貨幣市場取得）、製造資本（如建築物、機器設備）、智慧資本（如專利權、著作權）、人力資本（如人才技能、忠誠度）、社會和關係資本（如品牌、聲譽）、自然資本（如土地、水、空氣）。

但並非六種資本全都要在整合性報導中說明，可以視是否與企業具有攸關性或適用性選擇是否要加以報導。

（四）外部環境（External Environment）

對於外部環境要持續的監控和分析，包括經濟條件、技術變革、社會議題、客戶的嗜好改變、同業的競爭及環境挑戰，構成組織的經營背景，進一步辨認與組織相關的風險與機會，以調整策略和商業模式，並聚焦於組織的未來展望，加以改善精進。

探討永續發展的前提，應更加瞭解外部環境的變動，並掌握未來發展趨勢，找出跨國企業所面臨的機會與挑戰，擬定因應的永續策略。根據PwC Global 調查報告《Get familiar with the megatrends》顯示，全球有五大趨勢，分別是：人口結構改變、城市化腳步加快、經濟力量移轉、氣候變化與資源短缺及科技突破，上述五大趨勢跟跨國企業的策略布局都有密切關係。

（五）商業模式（Business Model）

商業模式是組織運作的核心，組織利用各種資本做為投入（Input），透過商業活動（Business Activities）將其轉變為產品、服務等各種產出（Output）與結果（Outcome），並在過程中創造價值。例如：企業開發新商品或服務、提高效率和善用技術，降低對社會或環境的負面影響，提供更好的服務等。

（六）結果（Outcome）

「結果」（Outcome）是由組織的經營活動和產出（Output）所帶來的對資本的外部及內部後果（包括正面和負面）。「結果」跟「產

出」最大的差別是，企業生產出來的產品或服務，與市場預期不一定一致，有時候消費者不一定買單，有時候供不應求。因此，企業經營策略需要隨時因應內外部環境的變化而加以調整。

(七) 風險和機會 (Risk and Opportunity)

整合性報告中的風險與機會是指：影響企業在短、中、長期創造價值能力的特定風險與機會為何？如何因應？企業必須針對上述問題加以回答。當企業越瞭解所面對的內外在風險，就越能夠隨時調整策略、掌握機會，化危機為轉機。

(八) 策略和資源配置 (Strategy and Resource Allocation)

根據整合性報導架構對「策略」的定義：企業用來降低或管理風險，並最大化機會的工具，企業可透過資源配置以達成策略目標。具體來說，這些投入的資源與商業模式之間如何連結？用什麼策略因應內外部辨認的風險與機會？如何與利害關係人議合？如何獲得競爭優勢？以及最後結果如何影響資本等，釐清這些問題對企業創造價值都有所幫助。

(九) 績效 (Performance)

企業應建立衡量及監督系統，以提供其績效的資訊，並設定關鍵績效指標 (KPIs)。績效的呈現最好能符合整合性報導的指導原則：策略聚焦、未來導向、資訊的連結性、與利害關係人的關係、重大性、簡潔性、可靠性和完整性、一致性和可比性。此外，財務與非財務績效都要加以揭露。

（十）未來展望（Outlook）

價值創造的過程不是靜止的狀態，而要定期檢視每個組成份子以及各組成份子之間的相互作用，並聚焦於組織與策略的未來展望，以持續修正並優化價值的創造。通常企業在確定組織的目標後，應設定短、中、長期的具體目標，並持續加以追蹤檢視。

理解了整合性報導的思維、型態、價值創造過程和要素後，不難理解這是一套全面性檢視企業策略與目標的管理評估工具，也將是未來評斷企業價值的新主流。資誠已協助國內多家企業展開這樣的管理新思維。關於實務導入建議和案例分享將在第六章有更詳盡的介紹。

第三節　價值創造－從企業使命談起

透過整合性報導的架構可以清楚理解，企業的價值創造根植於企業的願景和使命，進而具體往下，勾勒出「目標、策略、專案活動」。在邁向永續發展的過程中，企業、消費者、政府亦肩負著不同的永續使命，特別是在聯合國永續發展目標實施後，更清楚勾勒出每個角色的使命。

一、大型跨國企業：引領永續商業秩序

在全球化經濟發展下，大型跨國企業的規模日益龐大，不少單一企業體的年營收總額、員工總數就已經超越許多開發中國家。舉例來說，全球零售業龍頭沃爾瑪（Walmart）早在 2006 年營收就超過 3,000 億美元，2007 年就躋身 Fortune 100 企業榜首，可見企業對人類的影響相當大。

因而不論在《巴黎協議》、「聯合國永續發展目標」中,都更加強調「企業」的重要性。並且邀請大型企業代表直接參與重要議題的高峰會,共同討論階段性策略與目標。「聯合國永續發展目標」的第 12 項目標「責任生產與消費」的細項目標中,更明確表達「鼓勵企業採取永續發展的工商作法,尤其是大規模與跨國公司,並將永續性資訊納入他們的報告週期中。」

國際社會間亦發起許多永續議題的企業聯盟,如 RE100、CE100 等,目的就是在於藉由大型跨國企業扮演領頭羊,從自身的商業模式、產品及服務、員工、供應鏈管理等面向,引領新的永續商業秩序。

另一方面,國際社會和消費者對這些大型跨國企業往往具有更高的期待,不論是對環境保育的貢獻、社會議題的解決,還是創造經濟發展上,都希望大型企業能扮演標竿企業、先驅者,而不只是符合法律規範。

如聯合利華(Unilever)在 2010 年啟動「聯合利華永續生活計畫」,宣示企業使命為「致力創造美好未來:讓生活更具活力,使人們享受更完美生活。」並提出三大願景:事業規模倍增、減少對環境的不利影響、增加社會影響力。

飛利浦(Philips)亦在企業使命中宣示「透過有意義的創新改善人們的生活。」其企業願景「致力於透過創新,讓世界更健康、更永續」,藉由技術合作創造有意義的創新,提升人們的生活品質,在 2025 年每年改善 30 億人的生活。飛利浦做為循環經濟領導組織——英國艾倫‧麥克阿瑟基金會的全球夥伴,很早就投入

循環經濟議題的耕耘，從原料、延長生命週期到末端回收，無一不參與，並創造新的服務與新的收費方式。最知名的代表案例，就是荷蘭史基浦機場以租代買的照明服務。

二、供應鏈企業：責任經營

大型企業在實踐永續目標需從自身內部帶頭做起，但卻不僅僅以自身轉型為限，尤其在全球化經濟發展下，精細分工、跨域營運早已是常態，大型企業更需透過完善的供應鏈管理，才能達成企業的永續目標。過去，因為產業上下游的資訊不對稱，因而衍生出的食安問題、營運中斷、企業舞弊等時有所聞，因此「永續供應鏈管理」亦成為近年重要的永續議題之一。

全球多數的企業實為中小企業，影響力雖不如跨國企業，卻在全球化經濟中扮演舉足輕重的關鍵供應鏈角色。因此，供應鏈企業雖然不是在全球永續發展趨勢下，首波被要求轉型改變的企業，即便不需編制 CSR 報告書，亦不能不熟悉永續發展議題，並提早規劃相關的因應作為，否則將受到國際品牌客戶的「供應鏈管理規範」而面臨立即性的轉型壓力，甚至可能損失訂單。

舉例來說，臺灣以高科技產業為重心，蘋果電腦已在近年正式加入「RE100」聯盟，亦即企業營運將 100% 使用再生能源。臺灣許多企業都是蘋果電腦的供應廠商，即便自身沒有設定使用再生能源的目標，也需配合客戶的能源使用政策進行轉型。

事實上，在聯合國永續發展目標第 12 項「責任生產與消費」和第 17 項「建立全球夥伴關係」的說明中，都指出企業需透過與供應鏈的合作來實現永續發展的承諾，以創造最大效益與進展。目前

國內在「公司治理評鑑」、「上市上櫃公司編製與申報企業社會責任報告書作業辦法」和民間諸多 CSR 相關獎項評選中，都將供應鏈管理列為評比指標之一。

英國瑪莎百貨（Marks & Spencer）為了展示其供應鏈管理的透明度，建立一個線上「供應商地圖」[4]。讓消費者能在網站上看見產品的生產履歷及各國工廠的勞工概況。藉由高度透明的供應鏈資訊與消費者、媒體監督的壓力下，企業勢必更重視生產過程是否符合永續發展原則、員工工作條件的改善等，以滿足利害關係人的期望。

三、消費者：責任消費

由於「聯合國永續發展目標」、《巴黎協議》都是規劃國家、企業層級的永續目標，且永續議題牽涉的範圍往往又深又廣，常使社會大眾誤以為永續發展與自身並無直接的影響。但企業係以滿足市場的需求而獲取利潤的，消費者是企業重要利害關係人之一，消費者的力量更能直接驅動企業研發永續性的商品或服務。

根據 PwC 在 2015 年的調查報告 "Make it your business: Engaging with the Sustainable Development Goals"中曾發現：78% 民眾更願意購買企業因應 SDGs 的商品或服務。然而，許多永續新思維可能直接挑戰生活的便利性、消費習慣和生活習慣，消費者如果不關心永續議題，可能因為些許的不便利，而持續支持過往高耗能、不永續的產品。

4　　https://interactivemap.marksandspencer.com/

前臺灣飛利浦策略長兼品牌暨數位部門主管曾正忠就談到，飛利浦全球總部積極推動循環經濟理念，以此創新產品開發、改變商業模式；但正式推行到市場的第一個挑戰，就是如何教育消費者。當銷售模式轉變為「以租代買」時，業務團隊必須重新思考如何將販售燈具轉變為販售照明服務，消費者往往會有諸多疑慮，包含新的商業模式有何優點，如何採購，若是政府採購法要如何適用等問題。

又比如各國政府都在積極對抗塑膠垃圾以挽救海洋生態浩劫，全球超過 40 個國家都在推行各項減塑政策。2018 年元旦，臺灣正式擴大減塑範圍，明訂美妝店、藥局、醫療器材行、家電攝影資訊及通訊設備零售業、書籍及文具零售業、洗衣店業、飲料店業、西點麵包店業等 7 大類行業，不得再提供免費塑膠袋。但實施初期仍引發不小的爭議；針對 2019 年將進一步禁止免費提供塑膠吸管亦引發消費者因為諸多不便而反彈。

聯合國注意到消費者力量的深遠影響，因此在第 12 項永續發展目標的細項目標中亦明訂「在 2030 年前，確保每個地方的人都有永續發展的有關資訊與意識，以及跟大自然和諧共處的生活方式」。就是企盼消費者也能具備永續意識，優先選購永續性產品與服務，加速全球朝永續發展的方向轉型。

四、政府：制定永續目標、政策；建立跨國合作

永續發展牽涉的議題範圍，往往非單一企業，單一區域，且氣候變遷的衝擊是全球性的，因此，各國政府便肩負制定永續目標與政策的重要使命。舉例來說，《巴黎協議》明訂 2020 年生效後，

簽署並通過協議的國家，須訂定減碳目標，2023 年開始，每五年重新檢討、精進。且已開發國家提供 1,000 億美元「氣候資金」，幫助開發中國家因應氣候變化。但在 2016 年就已經有超過 180 個國家提出「國家自定預期貢獻」(INDC) 目標。

聯合國永續發展目標制定後，亦同時設立了「高層級政策論壇」(High-level Political Forum)，並鼓勵各國政府能定期出版「國家自願檢視報告」，具體說明國家針對 17 項 SDGs 的階段性目標與達成情況，促使具有相同目標的國家、企業串聯合作。

累計至 2018 年 6 月止，全球已出版 142 本 SDGs 國家自願檢視報告。臺灣在 2017 年發表了首份 SDGs 國家自願檢視報告，行政院國家永續發展委員會亦已制定出「我國永續發展草案」。除了針對 17 項 SDGs 訂出核心目標外，尚有第 18 項永續目標「2025 年達成非核家園」。

第三章

從願景到目標 描繪企業價值藍圖

第一節　同理心的企業成功學

在 2006 年，諾貝爾和平獎頒發給來自孟加拉的穆罕默德·尤努斯（Muhammad Yunus）及其創辦的 Grameen Bank（意即鄉村銀行，Grameen 在孟加拉語為鄉村之意）。這並非第一次諾貝爾評審委員肯定經濟發展對於和平的貢獻，但卻是自諾貝爾和平獎頒發以來，第一次頒發給營利事業。

諾貝爾和平獎的創立旨在鼓勵發展國際友好關係、削減軍隊數量的人或機構。乍聽之下，尤努斯所成立的鄉村銀行以及其所提倡的小額信貸與諾貝爾和平獎並沒有直接的關聯。然而，對於諾貝爾獎評審委員會而言，永久的和平，必須在社會上絕大多數的人能夠有機會翻轉貧窮的狀況下，才有可能發生。尤努斯所創立的微型信貸，就是一個讓社會翻轉貧窮的機會。

企業營利和獲利的背後，代表著一個能夠正常運轉的機制。此機制是使社會穩定發展的基石。因此，企業營利於其本質上，無須遭遇非議。然而，企業與環境和社會，三者存在著彼此依存的關係。企業在發展的同時，必須顧及企業經營對於環境和社會的影響，是一種責任，亦是企業可以長久經營的必要條件。

鄉村銀行即為一個營利組織。尤努斯於美國取得經濟學博士學位後，任教於孟加拉吉大港大學（Chittagong University）經濟系。在 1974 年，尤努斯帶領其學生訪視孟加拉貧窮的村落。當時尤努斯和學生們遇到一個以編織竹椅為生的女性。這位女性必須要借錢才能夠添購材料。然而，因為這位女性經濟條件極為貧困，在借款時沒有任何擔保品，因此借款皆仰賴高利貸，在償付高利

貸後，每一天的所得只有 2 分美元。在訪視的過程當中，尤努斯和學生發現這個村落有著相同的際遇的人們，不在少數。而這群人所需要借用以維生的資金，一共才區區 27 美元。

當時的金融體系，使貧困的人們的生活陷入負面的循環，人們必須仰賴高利貸才能有資金持續做生意，而做生意的收入卻無法同時支應生活開銷和營業開銷，這些人們只得再借取更多的高利貸維繫生活。在當下，尤努斯自掏腰包，替這群人付清了 27 美元的利息，而在不久後，這群人也全數償還了 27 美元。尤努斯便決定，要成立一個機構，提供小額且無需擔保品之貸款，讓貧窮的人能夠有機會脫離貧窮。

尤努斯在 1983 年成立了鄉村銀行，平均的貸款額度是 130 美元。鄉村銀行顛覆了一般銀行的運作模式，免除擔保品、推薦人、信用紀錄或法律規定等繁文縟節，憑「信任」做生意，惟在申請貸款時，必須組成一個 5 人小組，一同請貸款，5 人彼此互做擔保。鄉村銀行在成立的第三年，即開始獲利。截至 2015年，鄉村銀行共有 2,568 個分行，在 8 萬多個村落，向 8 百多萬人民提供服務，其累積的貸款金額，高達 156 億台幣。

除了普惠金融的作為，尤努斯亦開始拓展事業版圖。Grameen 目前有超過 30 個事業群，產業擴及電信、成衣廠、太陽能等領域。以鄉村電信 Grameen Telecom 為例，Grameen Telecom 發起了鄉村電話計畫（Village Phone Program）：Grameen 以低廉的價格將行動電話販售給女性，這些婦女再以近似於公共電話的費用，租借行動電話給當地居民使用，此計畫不但為女性創造更多收入，也實踐了縮短城鄉之間資訊不平等的願景。

在再生能源的部分，Grameen 成立了 Grameen Shakti，協助孟加拉偏鄉地區發展太陽能。Grameen 提供貸款給偏鄉地區的人民建造太陽能板，讓當地的人們能夠將太陽能板所發之電力販售給當地居民，進而獲取收入。Grameen 亦協助培養女性的工程人員，協助修護太陽能板，確保太陽能的穩定發展。這一項計畫，不僅創造了就業機會，更協助解決了孟加拉近 70% 的家庭尚未享有電力的問題。尤努斯的理念，亦吸引了外國企業的參與。富比士排名全球第九大的食品製造企業，法國達能集團（Danone）與 Grameen 集團合資，生產低價的營養優格，幫助貧窮家庭的小孩改善健康。

現代經濟學之父亞當‧史密斯（Adam Smith）曾言道：「如果你有一點錢，再多賺一點不難，難的是你連那一點錢都沒有。」尤努斯認為，貧窮是導因於制度設計的缺陷。他認為，窮人不需要世人教他們求生之道，窮人早就知道怎麼做，他們還活著就是最佳的證明。只要這個世界給窮人一個翻轉負面循環的機會，他們一定有能力自力更生。

尤努斯在一開始，抱持著終結貧窮的出發點，透過成立鄉村銀行，以及逐步發展的電信、再生能源、營養品等相關事業，翻轉窮人的經濟和生活水平。透過尤努斯和鄉村銀行，我們看到了一個企業家，著眼於消除貧窮的願景，逐步建構其企業的版圖，不僅讓企業獲利，同時也促成了環境和社會的有機運轉，使企業、環境和社會相互依存並成為彼此的助力，落實了這個世代最迫切的議題——永續發展。

第二節 重塑企業願景－與利害關係人議合

隨著氣候變遷加劇、社會問題日趨複雜，企業逐漸意識到企業、環境和社會三者之間相互依存的關係，亦深知企業對於社會和環境所具有的影響力。因此，近年來，許多大型企業已開始探求能夠兼顧環境和社會發展的藍圖。

若要考量企業營利、環境和社會，更具體而言，則為分析出與企業的生產活動、銷售活動、人資活動、研發活動、財務活動和公關活動等攸關的人或群體，進而理解如何在進行上述活動時，維護這些人或群體的權益。這群人或群體，則可細分為供應商、投資人、員工、客戶等。下圖為利害關係人範疇示意圖。

圖 3-1 企業的各項利害關係人

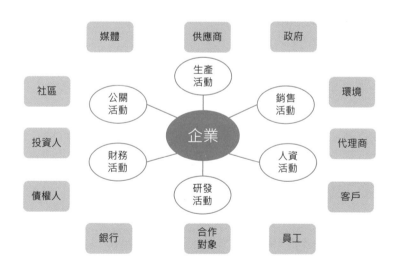

資誠繪製

本節將針對國際上，聚焦利害關係人的權益，進而擬定企業永續發展藍圖的標竿企業進行個案分享。從這些標竿企業的案例當中，進一步捕捉一個企業如何從利害關係人議合、企業影響力和核心競爭力出發，進而實踐環境、社會和企業三者共好的願景之進程。

【標竿企業 1：聯合利華　以永續做為創造三贏成長】

聯合利華（Unilever）是一家英國與荷蘭的跨國消費品公司，總部設在荷蘭鹿特丹和英國倫敦。聯合利華旗下有超過 400 個品牌，如立頓（Lipton）、康寶（Knorr）、多芬（Dove）等家喻戶曉的品牌。主要商品為個人商品、家庭商品、食品和飲品，其企業和消費者之間有很深的連結。世界上每十個家庭就有一個家庭會使用至少一種聯合利華的產品；每天，使用聯合利華商品的人，有近二十億人。因此，聯合利華對於社會有相當程度的影響力。

做為一間以目標為導向的公司。現今的企業目標相當簡潔明確——「普及永續生活」。對聯合利華而言，犧牲人或者環境權益的發展，不但無法長久，並終將無利可圖；永續發展是其企業唯一採行的商業模式。對於如何改變現狀以達成普及永續生活的目標，聯合利華認為要讓改變產生長遠的正面影響，改變的本質，必須屬於「轉型的改變」（transformational change）；根基於現狀而附加的「增量型改變」（incremental change）的效益，將隨著時間而揮發。聯合利華檢視自身最具影響力和規模之產品，並立基於這些主力，帶來轉型的改變。最著名的便是「聯合利華永續生活計畫」（Unilever Sustainable Living Plan, USLP）。

聯合利華永續生活計畫（USLP）

聯合利華永續生活計畫（後簡稱 USLP）的目標為「透過品牌理念，驅動企業的獲利、降低企業營運成本和風險並建立消費者對聯合利華的信任，進而創造長遠的價值予聯合利華的所有利害關係人。」聯合利華依據產品的特性，鑑別出三項目標，不僅緊扣其企業業務的發展，同時亦為對其利害關係人最具影響力的三面向。

三大目標分別是：

1. 健康和生活：在 2020 年前，幫助超過 10 億人增進其健康與衛生品質。

2. 環境足跡：在 2030 年前，將產品在生產及使用過程中對環境的不利影響減半。

3. 生計和生活條件：在 2020 年前，隨著企業發展，改善數百萬人的生計。

延伸此三大目標，聯合利華依據其產品類別，延展出 9 個具體面向，並對於這 9 個目標進行現狀檢視、訂定明確的目標並付諸具體的行動。

圖 3-2　聯合利華 9 大永續行動

目標一	目標二	目標三
「2020年前，幫助超過10億人增進其健康與衛生品質」	「環境足跡：在2030年前，將產品在生產及使用過程中對環境的不利影響減半」	「生計和生活條件：2020年前，隨著企業發展，改善數百萬人的生計」
• 健康及衛生 • 強化營養	• 溫室氣體 • 水資源 • 廢棄物處理及包裝 • 永續性採購	• 職場平等 • 女性之發展機會 • 兼容並蓄的事業

資料來源：聯合利華 2016 年企業社會責任報告書；資誠編譯繪製

目標一：健康和生活－在 2020 年前，幫助超過 10 億人增進其健康與衛生品質

● 健康及衛生

研究指出，如果人們有較佳的用水品質，不僅能提高個人福祉和社區生產力，對於消除貧窮亦有極大的作用。著眼於讓人們皆有獲得水資源的願景，聯合利華訂定了以下的目標：

表 3-1 聯合利華在「健康及衛生」議題的具體目標

領域	具體目標
改善衛生習慣	至 2020 年，在亞洲、非洲和拉丁美洲宣傳使用肥皂的方法和重要性，以幫助 10 億消費者改善衛生習慣。
安全的飲用水	透過聯合利華淨水器所及的範圍，在 2020 年時提供 1,500 億公升的安全飲用水。
公共衛生	至 2020 年，藉由宣導使用乾淨廁所的好處以及建立無障礙廁所，協助 2,500 萬人使用改善的廁所。
口腔衛生	使用聯合利華的牙膏和牙刷品牌，輔以口腔健康計畫之宣導，鼓勵兒童及家長每日早晚刷牙，在 2020 年前惠及 5,000 萬人。

資料來源：Unilever Sustainable Living, 資誠編譯

若要改善人們的健康和衛生狀況，除了仰賴企業提供消費者經濟上可負擔的產品，人們的生活習慣也必須跟著改變，才會形成本質上的改變。聯合利華透過產品創新來改變人們的行為。Lifebuoy 的洗手乳，在摩擦之後會變色，透過這樣的創新，引發兒童主動洗手的意願，進而引導兒童主動在用餐前洗手。另外，聯合利華提升其淨水器之品質，創造安全的飲用水。例如透過淨水器，去除飲用水中的總融鹽量（衡量飲用水品質之指標之一），或提高淨水器消除農藥殘留量的功效，進而提升人們的健康。

● 強化營養

聯合利華其一大宗產品，為飲品和食品。聯合利華的著眼點為提供消費者健康、安全、營養均衡且不破壞地球的產品。基於此，聯合利華訂定了以下的目標：

表 3-2 聯合利華在「強化營養」議題的具體目標

領域	具體目標
減少含鹽量	將食鹽的平均攝取量再減少 15-20%，以達到每天 5g 鹽的標準。
去除反式脂肪	至 2012 年，去除所有產品中的反式脂肪。
減少含糖量	在 2020 年前，使即飲茶、粉末狀冰茶和奶茶產品中的含糖量減少 25%。
提供健康飲食資訊	在產品包裝上提供清晰、簡單的標籤，幫助人們選擇營養均衡的食品。

資料來源：Unilever Sustainable Living, 資誠編譯

除了產品端的精進，聯合利華在食品包裝上或網路上推廣健康食譜，積極培養廚師的營養知識，讓健康且營養均衡的飲食，觸及更多消費者。除此之外，聯合利華與非洲一家維他命供應商，在印度和肯亞進行均衡飲食的推廣活動，透過知識的傳播，創造根基性的改變。

目標二：環境足跡－在 2030 年前，將產品在生產及使用過程中對環境的不利影響減半

針對減少企業營運上對於環境造成的不利影響，聯合利華從原料端、產品設計端以及相關配套的機制端著手。原料端的具體行動，包含了對於永續採購的承諾以及逐步達成向「森林零砍伐」

（zero net deforestation）供應商購買原料的目標。除了降低來自源頭採購的環境足跡，企業的減碳，必須仰賴改良產品以及相關配套措施的建立。

聯合利華不斷改良其產品，以使消費者在使用其產品過程中所產生的碳足跡降至最低。除此之外，亦逐步建構包裝材料的回收系統，使最容易造成資源浪費的末端，能夠有一個有機的迴路，使資源重複被使用，減少對於開採新資源的需求。此三面向可以更具體地被區分為溫室氣體、水資源、廢棄物處理及包裝和永續性採購四個層面，以下分別詳述此四層面的方針和具體作為。

● 溫室氣體

為對抗氣候變遷衝擊，2015 年全球達成了《巴黎協議》共識，目標將全球氣溫在本世紀的增幅控制在 2℃ 內。氣候行動不僅能降低企業營運成本，更能提高能源韌性。因此，聯合利華希望在 2030 年前將達到 100% 使用再生能源的目標，並且在產品的製造過程當中，去除化石燃料的使用。為了降低碳排放量，聯合利華從消除森林砍伐和改良產品的設計著手。

砍伐森林而導致的碳排放，佔全世界碳排放的 15%。聯合利華承諾在 2010 年前，透過嚴謹的責任採購政策和指導小農戶實行森林零砍伐，為全球減排做出具體貢獻。

溫室氣體的排放，除了來自於產品生產過程，亦來自於消費者使用產品的過程。磷酸鹽洗滌效果佳，被使用在洗滌劑當中。然而，在採購以及運輸的過程當中，磷酸鹽比起其他的替代原料排放了更多的溫室氣體。聯合利華於是削減了 90% 的磷酸鹽用量；這樣的改變，讓洗滌劑的使用者平均減少了 50% 的溫室氣體排

放。多芬的乾洗噴霧是另一個例子。比起使用熱水清洗頭髮，使用乾洗噴霧使得溫室氣體排放減少了 85%。減少對於磷酸鹽的用量以及乾洗噴霧，即為改良產品以減少消費者在使用產品過程當中所產生碳排放的例子。

● 水資源

自 1950 年以來，消費者對用水的需求已增加了一倍。據預測，在 2030 年前，需求將會再增加一倍。若不對水資源的使用做出積極的改善，人們屆時將面臨水資源匱乏的困境。聯合利華對於水資源的使用，訂定了積極的目標——至 2020 年，將每單位產品生產所需的用水量減少一半。

除了減少產品生產過程當中的耗水，節約水資源的關鍵，在於減少消費者使用過程當中的用水量，如淋浴、沐浴或清潔時所耗費的水資源。聯合利華透過改良商品，降低消費者在使用產品時的耗水量。在 Sunlight 洗衣劑中的專利 Sapphire 技術以及 RIN 洗衣皂，讓用水量僅需平常一般用量的一半。聯合利華旗下品牌多芬，與 Delta 水龍頭公司合作，共同推廣節水的蓮蓬頭，以減少沐浴所產生的耗水量，則為另一實例。

除了產品端的研發，2016 年聯合利華在孟買的貧民窟設立了以循環的方式運作水資源的衛生中心，向超過 1,500 人提供水和衛生設備。水被優先用於洗澡、洗手和洗衣，之後的廢棄水則導入廁所用水。透過建立衛生中心，聯合利華讓水質或水量有匱乏之虞的地區，能享用水資源；而民眾也因為開始使用水資源，進而發展出對於相關商品的需求。此商業模式，不僅對於民生帶來正面效益，也替聯合利華帶來不少的商機。

● 廢棄物處理及包裝

聯合利華每年會採購 200 萬噸的包裝材料。在資源短缺的今日，必須以循環的方式使用材料，不僅減少環境負擔，同時亦為因應資源匱乏所發展的新出路。聯合利華期望，到 2020 年，減少一半廢棄物的產出量。

此目標背後，有其明確的商業理由：企業重覆利用、循環使用和回收利用的包裝越少，材料、能源、運輸等成本就越少。不僅減輕地球的負擔，亦減少企業的營運成本。

在產品設計和營運活動中，聯合利華在廢棄物減量上有顯著的表現。聯合利華使用壓縮注塑技術，減少桶裝產品的塑料用量；而近期在北美推出的黑色 TRESemmé 瓶身，其可循環使用成分為 25%。

聯合利華承諾，在 2025 年前所有產品的塑料包裝須完全可再利用、可循環或可堆肥。除了產品本身的設計，循環使用和回收利用的基礎設施是減少廢棄物的關鍵之一。聯合利華通過與業界的合作，加速基礎建設的設置，以完善廢棄物處置的完整迴路。

● 永續性採購

永續性採購不僅能帶動穩定的原物料供應，若要持續地養活地球上的人口，永續性採購是必須採行的發展方向。對此，聯合利華要求，在 2020 年其企業所使用的農業原料，須 100% 來自於永續採購。

從將森林轉換成非永續的農業種植園購買原物料，是非永續型採

購的其一典型案例。聯合利華利用其企業規模，緊密地與小農合作，並教導小農採用永續耕法，促進永續農業的發展。除此之外，聯合利華逐步要求，對於其大量使用的原物量，如棕櫚油、大豆、紙和茶，必須出自採行永續生產的供應鏈，藉此實踐永續性農業。

目標三：生計和生活條件－ 2020 年前，隨著企業發展，改善數百萬人的生計

針對改善生計和生活條件，其關鍵點落於對於人的重視和關懷。透過聚焦，聯合利華著重於發展員工和供應商的生計。安全的工作環境、免於騷擾與歧視、兩性職場平權等，為確保員工生計的要件。而就提升供應商生計的部分，聯合利華提升供應商的知識水平，讓供應商能夠採行更高產值和永續的耕法，進而提高其收入和生活水平。聯合利華將提升生計和生活條件此目標，分為三個落實面向——職場平等、女性的工作機會以及兼容並蓄的事業。

● 職場平等

聯合利華認為，對於人權的尊重，是企業穩健發展的根本。而對於人權尊重的具體落實，包含了安全的工作環境、結社自由、公平的薪資、免於強迫勞動、免於騷擾與歧視。而離這些目標的完全落實，尚有一段距離。

聯合利華將人權部門整合到聯合利華供應鏈組織（Unilever Supple Chain Organization，為一整合所有聯合利華之供應商的組織）中。聯合利華有 67% 的採購，是來自於符合其採購政策的供應商，透過串聯供應商，共同實踐職場平等。

● 女性的工作機會

根據麥肯錫的一份調查報告顯示，消弭性別間的不平等，將能在 2025 年前，為全球的 GDP 增加 12 兆美元。超過 70% 聯合利華商品的消費者皆為女性，藉由推動女性正式和積極參與經濟，聯合利華希望實現生活、家庭、社區和經濟的徹底轉型，並基於女性員工對於其性別的了解，精進行銷策略等，讓市場、品牌和企業同步成長。至 2020 年，聯合利華致力於讓管理階層的女性比例，在 2020 年達到 50%。截至 2016 年，聯合利華之女性主管的比例已達到 46%。

在印度，印度利華（Hindustan Lever）為了擴大女性的工作機會，開展了「夏克提」（Shakti）計畫。此項計畫教導婦女基本的物流管理知識以及聯合利華的商品安那普那鹽（Annapurna）之特性，讓婦女擔任銷售人員。過程當中，培訓人員會從旁輔導婦女經營自己的業務。此計畫不但改善了印度偏遠地區缺碘的問題，同時透過女性做為有力的銷售門面，幫助女性達到經濟獨立，並且更為印度利華開發了更多商機。除了夏克提計畫，聯合利華建立性別平衡的管理組織、提升女性參與培訓的機會，進而擴大女性的工作機會。

● 兼容並蓄的事業

聯合利華的發展，建立在與多方的合作之上——供應商、小農和零售業者。若能增加這些利害關係人的能力和機會，不僅對於整體社會帶來正面助益，同時也為聯合利華的永續生活計畫持續紮根。聯合利華致力於改善小農的生計、提高小型零售商的收入並

提升青年創業家在價值鏈中的參與度，進而對 550 萬人的生活產生正面影響。聯合利華在生產中所使用的蕃茄，一部分來自於新疆的小農。聯合利華與其供應商（COFCO Thune）共同成立了農人田野學院（Farmer Field Schools），教導小農永續農業的耕法。新疆的小農，在實踐永續耕法後，每公頃的耕作土地增加了 7.5 噸的產值、減少 1,500 立方公尺的用水，並減少了 150 克的殺蟲劑使用量。聯合利華兼容並蓄的營業理念，直接為利害關係人帶來正向的改變，亦間接地發展了企業自身對於氣候變遷的韌性。

永續作為：創造更多成長、更低成本、更低風險和更多的信任

聯合利華依據其企業使命，具體描繪出《聯合利華永續生活計畫》（USLP）的藍圖。實踐之後，讓聯合利華的商業經營越形穩固；具體而言，可以分為四個面向：更多的成長、更低的成本、更低的風險以及更多的信任。

根據統計，在 2016 年，聯合利華旗下的 18 項永續性商品，比起其他商品，成長速度快了 50%。而這些永續性商品，占聯合利華企業整體成長的 60%。藉由減少廢棄物的產生以及採行循環利用的模式，從 2008 年至今，聯合利華已減低了 7 億美元的成本；除了提高企業的利潤，更讓聯合利華對於資源逐漸稀少的現狀，有更大的韌性以及預防能力。在利害關係人關係建立的部分，聯合利華的永續作為，吸引更多的消費者採購聯合利華的產品，並且加深員工的品牌認同感；如此不僅擴大了商機，吸引了優秀的人才進入聯合利華謀職，為其企業加值。

總體而言，聯合利華根基於明確的使命，辨別利害關係人和自身影響力，進而擬定出具體的計畫和目標，並善用與外部的連結擴大自身影響力，創造企業、環境和社會三贏的永續發展。

【標竿企業 2：英國電信 從願景到資本投入】

英國電信（British Telecom）是一家提供全球商務通訊的英國通訊商。其在全球有超過 1 萬 7000 名員工，向遍及 180 個國家的 5,500 家企業提供服務。透過其全球的網絡系統、雲端整合、雲端服務以及資訊安全技術，英國電信協助企業進行數位轉型。其主要的服務可分為三大項：

1. 數位客戶服務：消費者在選擇供應商時，客戶服務品質往往是關鍵。英國電信透過其通訊技術以及數據分析能力，讓其企業的客戶能保有不中斷的客戶服務，並讓企業能夠透過大數據，主動知悉客戶的使用狀況，進而發展主動式客戶服務，增值消費者的消費體驗。

2. 數位商業：透過雲端的技術，增加商業營運的敏捷性、彈性以及創造力。

3. 數位員工：透過網絡技術，讓員工之間的合作能夠緊密無間，增加企業的產值和發展速度。

英國電信的企業願景是「利用通訊的力量，創造一個更好的世界」。身為英國居領導地位的數位建設投資商，英國電信認為，其對於環境和社會，有應負的責任和使命。基於此願景，延展出其企業的發展藍圖——「目的性商業」（purposeful business），包含五大面向的實踐：連結、科技識字率、資訊安全、能源和環境、社會關懷。

五個面向當中的四個面向——連結、科技識字率、資訊安全以及
能源和環境，皆為英國電信的核心本業，或與其企業發展具直接
相關的領域。由此「目的性商業」藍圖可以發現，英國電信從其
願景出發，檢視自身的核心影響力，進而發展出能兼容社會發展
和企業發展的企業藍圖。針對這五個面向，英國電信列出在
2020年前須達成的具體目標，以逐步實踐其目的性商業的藍圖。

圖 3-3　英國電信 2020 年前的永續目標

資料來源：英國電信 2016 年企業社會責任報告書；資誠編譯繪製

以下分別詳述英國電信執行其「目的性商業」藍圖五個面向的具
體政策和作為，來了解企業如何將願景，轉化為具體的企業行
動。

連結

網際網路之核心價值，本為連結世界上的人們。英國電信的目標，即為建構一個迅速和高效的網際網路，以達成連結人們的使命。為了達成這樣的使命，英國電信從三個面向著手。首先，以科技的方法，確認自身所設定的目標，是否確實會為社會帶來正面的效益。經過深入的研究和探討，其所得出的結論，為「網際網路對社會有正向幫助」（Being online is good for society）。在2014 年，英國電信雇請 Just Economics（一個以科技為基礎，進行社會和經濟研究的機構），衡量網際網路對於社會的正面效益。Just Economics 的研究顯示如下圖表：

圖 3-4　使用網際網路的正面效益

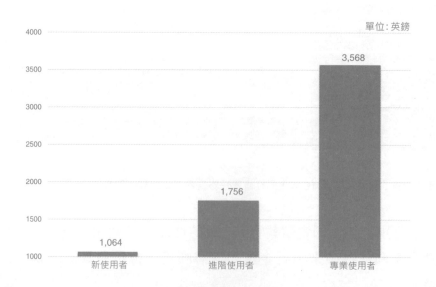

資料來源：Valuing Digital Inclusion: Calculating the social value to individuals of going online Just Economics for BT, June 2014；資誠編譯繪製

針對新使用者而言，透過網際網路，新使用者可以找到更好的工作、藉由獲得資訊以節省開支並且能夠有更健全的社交生活。而網路的進階使用者，基於他們對於使用網際網路的基礎了解，能更形發揮使用網際網路的效益，增加他們的產值或者生活水平。就專業的網路使用者而言，相較於進階使用者，最顯著的例子就是，透過善用網際網路執行遠距工作，能夠有效減少溝通成本。

在確認了網際網路能夠發揮社會正面影響力後，英國電信透過兩種方式，來擴及更多的人們使用網際網路：移除障礙以及增進網際網路使用之管道。

● 移除障礙

英國電信認為，導致有些人們被排除在網際網路所觸及範疇之外的主要原因為，缺乏足夠的資金和導入管道。目前英國電信觸及了全英國 95% 的人口，為了能讓剩下 5% 的人們也能使用網際網絡，英國電信提供低收入戶補助，符合條件的低收入戶，可以以每個月約 10 英鎊的價格，使用網際網路。除此之外，英國電信立基於資源效益最大化的概念，與社會住宅攜手合作，打造社區網路共用計畫，節省每一個承租戶的網際網路使用費用，使承租人能節省開支以購買使用網際網路所需要的硬體和訓練。

● 增進網際網路使用之管道

英國電信與國際社會福利團體 SOS Children's Villages 和推廣健康衛生的慈善團體 Novatis Foundation 合作，協助非洲地區的網路建置。

SOS Children's Villages 主要照顧對象為孤兒。英國電信透過衛星技術，讓他們所照顧的孤兒能夠連結上網際網路，進而有學習的管道。硬體的提供，必須搭配人為的正確使用，始能發揮影響力。英國電信派遣工程師至非洲，教導 SOS Children's Villages 的 IT 人員使用硬體設施，使硬體資源能正確並有效地被使用，進而促進正向改變。SOS Children's Villages 亦透過網際網絡的架設，串連當地的學校、醫療中心以及社區，擴大網際網路的使用效益。

除了增加網際網路的使用管道，英國電信在醫療的領域，投注了相當多的資源。英國電信在非洲迦納的偏遠地區，與 Novatis Foundation 共同建置網際醫療服務中心（Telehealth Centre），讓迦納偏鄉地區的人民，不僅能更快速地取得醫生的建議，亦能節省就醫成本。

英國電信基於其核心技術和本業，將更多的人們，納入網際網絡，不僅帶來正面社會影響力，同時也促進企業的發展。值得一提 的 是，英 國 電 信 利 用 社 會 投 資 報 酬（Social Return on Investment, SROI）的方法，有效地追蹤其行動所產生的成效。根據報告，英國電信公司所投注的 1 塊英鎊，得到的社會報酬為 3.7 英鎊；意即英國電信每投注 1 英鎊，即可對於其關注的議題和利害關係人，產生 3.7 英鎊的效益。

科技識字率

科技之於當今社會，有舉足輕重的影響力，其重要性體現於解決社會問題、驅動世界的經濟成長、促進政府和人民之間溝通以及

創造一個串連人群網絡。年輕的世代在當今與科技有大量的接觸，然而，青年對於科技的影響力和重要性只有淺薄的認識，對於科技亦抱持錯誤的見解——認為從事科技領域的工作是書呆子的工作，或認為科技領域的學問過於艱澀，進而退卻從事科技領域的工作。而最鮮明的例子，即為年輕人認為科技只是上上網或滑滑手機，認為科技的使用，在本質上，是浪費時間的行為。

年輕人對於科技所抱持的錯誤見解，會導致科技領域缺乏人才。然而，在當今社會，科技若發展遲緩，將導致龐大的社會和經濟成本。根據研究顯示，就業人口因缺乏科技技能而不能在數位世代施展所長，已導致了 1,200 萬的社會成本。而科技人才的短缺，讓英國每年損失了 6,300 億的 GDP。

為了能改善科技發展遲緩的現象，英國電信訂下了目標，承諾要在 2020 年前，觸及 500 萬的年輕學子，改善年輕學子「科技不識字」的狀況，並期望青年學子能從被動的科技使用者，轉型成為主動的科技創造者。為了達成此目標，英國電信實行了 Barefoot Computing 計畫。此計畫透過辦理工作坊和提供可從線上下載之教學工具，提供小學教師在教導電腦科學課程時所需要的工具和知識，進而提升英國國內小學生的電腦科學知識水平。截至目前為止，此計畫已促進了 125 萬的英國國小學生的電腦科學學習，此為將近英國 5 分之 1 的國小學童人數。

資訊安全

英國電信在提供消費者快速且穩固的網路服務同時，必須確保網路使用的安全性並保護客戶之個人資訊。在網路使用安全性的部

分,英國電信特別關注孩童的網路使用安全。網路能夠讓孩童與世界產生連結,透過學習和分享,協助孩童找尋自身的定位。孩童的網路使用安全性,是達成上述願景的前提。英國電信耗資500萬英鎊,開發網路管制的工具,讓父母能夠主動封鎖不利於孩童發展的網站或頻道,確保孩童在心智發展階段,能夠有優質的網路使用環境。

客戶的資訊和隱私保護,為電信業者對於社會的一大義務和責任。英國電信視客戶資訊和隱私保護為其企業發展的核心基礎,因此從對內以及對外兩方面貫徹客戶資訊和隱私的保護。對內而言,英國電信在研發產品初始,無論是新系統或者科技,即將隱私和資訊保護列入設計考量。

英國電信雖然為英國最主要的電信供應商,然而,建構一個安全的網絡系統,有賴各電信業者、政府和消費者之間的通力合作。英國電信持續地與消費者、企業和政府溝通,藉以了解各利害關係人所關注的面向以及需求,以在快速發展的網路世代中,能保有服務品質和競爭力。在 2013 年,英國電信、英國電信業者以及政府共同發布了「網路安全準則」(Guiding Principles on Cyber Security)。除此之外,英國電信定期檢視並更新其資訊安全的衡量標準,確保其企業有足夠的能力,因應日趨嚴峻的資訊安全挑戰。

能源和環境

地球上的資源日趨減少,英國電信深深理解,能源的匱乏,將使企業暴露於更多的風險中。為了能夠在企業經營的過程當中,實

踐永續的作為，英國電信從三方面著手：企業內部、消費者以及供應鏈。

● 企業內部

英國電信產品的原料，採集於自然資源；而其商品在使用階段所需要的電力和能源，亦來自於自然資源。然而，人類所能採集的資源是有限的，英國電信對此有深刻的意識，因而採取積極的行動，使企業的營運能兼容環境的發展。英國電信透過其產品的生產和改良，以及營運模式的優化，降低對於環境造成的負面影響。

在產品生產面，英國電信致力採行循環經濟的作法，期望能將廢棄的商品，做為新產品的原料，減少廢棄物的產生。而在產品的設計上面，根據統計，有 25.7% 的碳排放量，來自於產品本身所需要電力之發電過程。如果能將產品設計為低耗能的模式，便能大幅度地減少碳足跡。英國電信與劍橋大學的工程設計中心（University of Cambridge Engineering Design Centre）合作，發展出「為未來而設計」（Designing Our Tomorrow, DOT）的倡議，協助英國電信的設計者在設計產品時，能將產品對環境的影響，考量進產品生命週期的各階段。

在企業的營運面，英國電信提倡不同的作法，以減少企業營運所產生的碳排放，包括了使用再生能源、促發英國電信服務車採行節能的駕駛習慣等。除此之外，英國電信更發展了大樓能源管理系統（Building Energy Management System, BEMS）以及整合能源管理系統（Integrated Energy Management System, IEMS），藉以增進能源的使用效率。透過這兩套系統，英國電信節省了高達 1,800 萬英鎊的能源成本。

● 供應鏈

若要能貫徹永續的環境政策，企業的行動必須擴及相關利害關係人，建構一個完整的體系，始能帶來根基性的改變。英國電信定期舉辦未來優質供應商論壇（Better Future Supplier Forum），在論壇當中與供應商分享環境永續的作為和策略，並且提供相關作為的具體衡量指標，促發供應商實踐永續經營。

● 消費者

碳足跡除了來自於企業的營運、產品的生產和製造，另一大來源為消費者在使用產品時所產生的環境足跡。為了減低消費者端的碳排放，英國電信提供了相關的服務和措施，如全球視訊會議中心服務，藉此提供更好的視訊會議品質，減少差旅的產生。而對於銅線的回收以及線上付款的機制設置，亦為減少消費者碳足跡排放的作為。

社會關懷

企業對於社會的關懷，最常見的就是捐助資金以及鼓勵員工參與志工活動。英國電信對於社會面的關懷也不例外。英國電信的目標，是在 2020 年前，累積資助 10 億英鎊的資金給慈善團體，並且促發 2/3 以上的員工參與志工活動。然而，除了最為常見的資金捐助以及志工計畫，英國電信最為著稱的，是其基於核心本業出發，利用其核心本業造福社會的作為。

英國電信基於其網絡的資本，建構了線上捐款的機制，如 MyDonate 以及 Give As You Shop，促使捐款的流程變得更為簡易，進而提升群眾的捐款意願。除此之外，英國電信的 BT Community Web Kit 計畫，協助社福團體管理及更新其網站，給

予社福團體支持其營運的工具，使社福團體能自謀其利以持續運轉。而 BT Charities Club 計畫，則是提供社福團體最為經濟實惠的資費方案，使社福團體在資金有限的狀況下，能夠將資金做最有效的規劃和利用。

從核心領域出發 勾勒永續商業藍圖

英國電信的永續發展可謂同業中的佼佼者。其獨到之處在於，英國電信對於其發展方向，有明確的目標；亦即英國電信對其永續藍圖的名稱——「目的性商業」(Purposeful Business)。基於明確的目標，英國電信檢視出其最具影響力和專業的領域，從自身的核心領域出發，重視與外部的連結，逐步實踐其永續的商業藍圖。企業在規劃永續藍圖以及擬定永續策略時，英國電信應為極具參考價值的標竿企業。

【標竿企業 3：瑞士再保險 由願景規劃商業模式】

瑞士再保險 (Swiss Re) 是一個再保險、保險以及風險轉移的服務提供者，其客戶包含了一般的保險公司、中大型公司以及公家機關。透過其資本實力、專業知識以及創新力，分擔企業和社會在發展過程當中可能經歷的風險。

任何的發展，都存在著風險；持續發展背後的其一關鍵為風險的管理和移轉。瑞士再保險的企業願景為「讓世界越趨有韌性」(We make the world more resilient)，換言之，瑞士再保險透過風險的管理，保護並驅動人類的發展。

對於瑞士再保險而言，企業的商業行為為實踐願景的載體，透過在其商業營運的各面向採取正確的行動，即能逐步達成目標。

重大性分析

瑞士再保險立基於其所提供之保險服務實踐其願景。要落實願景的第一步，為辨別出重大性議題，進而付諸行動。針對議題重大性的辨識，瑞士再保險有其完整的架構，一層一層剖析議題之重大性，並於最終得出商業發展藍圖。

首先，瑞士再保險透過其企業內部的風險分析技術，辨別出每一個議題的風險規模，並且分析被提供保險客體的商業經營，是否符合永續發展的原則。針對受保方的發展是否符合永續發展原則，瑞士再保險研發了一套「永續風險架構」(Sustainability Risk Framework)。永續風險架構實質上為一進階版的風險管理方法，這套方法當中包含了對於敏感性議題的管理辦法和個案式的評估機制。

在經過風險規模分析以及永續性分析後，瑞士再保險將與主要利害關係人進行密切的溝通；就瑞士再保險而言，其主要利害關係人包含了其金融共同體（如：股東、信評機構等）、客戶、員工、政府、國際多邊組織以及社會團體。瑞士再保險成立了全球對話中心 (Centre for Global Dialogue)。在 2016 年，瑞士再保險在此中心舉辦了超過 100 場次的利害關係人論談，並出版相關專業智識出版品和調查，促進與利害關係人的溝通和合作。最後，瑞士再保險透過第三方單位對於永續重大性的定義，如永續評比機構所列舉的評比指標，來檢視其商業發展藍圖。

商業發展藍圖

承續風險規模分析、利害關係人溝通和永續性分析，瑞士再保險確認了其商業發展的藍圖。

圖 3-5　瑞士再保險企業責任地圖

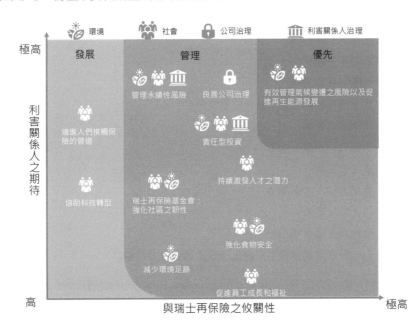

資料來源：瑞士再保險 2016 年企業社會責任報告書；資誠編譯繪製

此商業藍圖的縱軸為利害關係人的期待，橫軸為與瑞士再保公司的攸關性──風險規模以及商機。依據利害關係人的期待程度以及與瑞士再保險的攸關性，瑞士再保險得出 11 個議題，並劃分出三種輕重程度。

● 發展：議題本身與瑞士再保險的攸關性逐漸增加，而此議題將在不久後成為利害關係人重視的議題。

● 管理：議題本身與瑞士再保險有一定的攸關性，瑞士再保險對於此議題亦有一套純熟的管理方法。利害關係人對於此議題的關注程度，因其背景和立場，有不同的程度。

● 優先：議題本身和瑞士再保險高度相關，亦為利害關係人高度關注的議題。

表 3-3 瑞士再保險辨識出 11 個重大的永續議題

重大性	議題
發展	增進人們接觸保險的管道
	協助科技轉型
	管理永續性風險
	瑞士再保險基金會：強化社區之韌性
管理	減少環境足跡
	良善公司治理
	責任型投資
	持續激發人才之潛力
	強化食物安全
	促進員工成長和福祉
優先	有效管理氣候變遷之風險以及促進再生能源發展

輕 → 重

資料來源：2016 Swiss Re: Review of our Corporate Responsibility Topics, 資誠編譯

瑞士再保險將上述的 11 項議題，收斂為 5 個發展面向分別為：

圖 3-6 瑞士再保險五大永續發展面向

資料來源：瑞士再保險 2016 年企業社會責任報告書；資誠編譯繪製

以下將就此五面向，詳述瑞士再保險的具體作為。

一、促進永續發展

透過持續擴展保險商品，瑞士再保險為自身創造商機，亦穩健了全球的永續發展。瑞士再保險提供的保險商品，包含對天然災害侵害的保障、作物欠收之保障以及小型企業發展之協助。以下將以泰國的作物再保險專案進行舉例。

在 2016 年，瑞士再保險在中國參與了兩個再保險的專案，每個專案的規模約為 3.5 億美元，為截至目前為止中國規模最龐大的天然災害保險專案。在黑龍江省和廣東省，瑞士再保險結合氣候的指標和利用衛星得出的參數指標，縮短災害發生時，受保戶獲得理賠的時間，使當地的經濟，在面對洪災、乾旱、寒害等天然災害時，能更具韌性。

泰國是世界主要的稻米供應國之一，然而泰國稻作的收成，常常受到洪災和旱災的影響。在作物欠收之保障的部分，瑞士再保險在泰國亦發展了相關的專案。瑞士再保險發現，傳統作物的再保險專案，最大的阻礙在於產品導入初期，由於缺乏成熟的政策，以致於初期的行政成本過於高昂，使得專案本身沒有對利害關係人帶來實質的幫助。有鑑於此，瑞士再保險除了從本業核心出發，發展保障作物欠收的保險，更積極與外部合作溝通，與泰國政府通力導入再保險專案。經過溝通和合作，在 2016 年，瑞士再保險的 9,000 億預算已獲得泰國政府核准，預計將能保障約兩百萬名的農耕者。

二、強化風險管理

風險管理是瑞士再保險的企業經營核心，透過完善的風險掌握和管理機制，瑞士再保險才能夠充分擔任最終的風險承擔者，進而

穩健社會的發展。針對風險的偵測和管理。企業發展的風險，可略分為財務面和非財務面風險，若非財務面風險被長期忽視，對於社會長期穩健的發展，將構成極大的威脅。瑞士再保險因此發展出一套「永續風險架構」（Sustainability Risk Framework），藉以具體掌握風險的態樣和規模。瑞士再保險的永續風險架構，包含了三大面向：

圖 3-7　瑞士再保險的三大永續風險架構

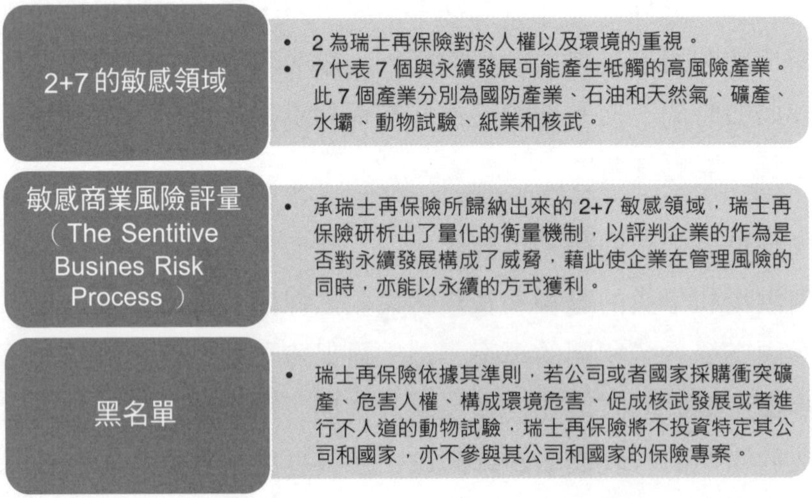

2+7 的敏感領域	• 2 為瑞士再保險對於人權以及環境的重視。 • 7 代表 7 個與永續發展可能產生牴觸的高風險產業。此 7 個產業分別為國防產業、石油和天然氣、礦產、水壩、動物試驗、紙業和核武。
敏感商業風險評量 （The Sentitive Busines Risk Process）	• 承瑞士再保險所歸納出來的 2+7 敏感領域，瑞士再保險研析出了量化的衡量機制，以評判企業的作為是否對永續發展構成了威脅，藉此使企業在管理風險的同時，亦能以永續的方式獲利。
黑名單	• 瑞士再保險依據其準則，若公司或者國家採購衝突礦產、危害人權、構成環境危害、促成核武發展或者進行不人道的動物試驗，瑞士再保險將不投資特定其公司和國家，亦不參與其公司和國家的保險專案。

資料來源：瑞士再保險 2016 年企業社會責任報告書；資誠編譯繪製

透過「永續風險架構」（Sustainability Risk Framework），企業客戶和瑞士再保險能具體掌握風險的迫切度和影響程度，進而有效防範風險。

三、利害關係人溝通－具象化風險

瑞士再保險的核心業務，是為協助客戶因應當今越形複雜且會威脅永續發展的風險。為了能夠有效的掌握風險的面貌，必須與利

害關係人展開積極且密切對話，掌握當前最具影響力的風險面貌，並將系統化的資訊透過不同的管道分享給客戶，才能有效協助客戶防範風險。

首先，在與利害關係人溝通之前，瑞士再保險透過其內部的集團議題管理方針，辨別出與瑞士再保險自身、客戶、社會以及回應當前挑戰最具關連的主題。接著，瑞士再保險籌組了來自公司內部各事業體的代表，組成委員會，基於委員們對於利害關係人的了解，由委員會擬定利害關係人溝通的內容，確保利害關係人溝通的產出具有參考價值。

除了企業自身與利害關係人進行溝通，瑞士再保險亦與外部之公私立單位和學術單位合作，藉由各方的觀點和經驗，極大化利害關係人溝通的效益。最終，瑞士再保險透過其溝通管道，例如其著名的出版物 Sigma Series 或其成立的全球對話中心（Centre for Global Dialogue），傳遞基於利害關係人溝通所得出的系統化資訊。此不僅有助於瑞士再保險深化其對風險的認識，進而提升企業競爭力，同時間，亦能協助客戶因應風險，並間接鞏固企業的永續發展。

四、減少環境足跡

瑞士再保險為提供金融服務的企業，對於全球的環境衝擊，不若其他產業來得大。然而，對於減少環境衝擊、降低二氧化碳排放量以及降低能源消耗，瑞士再保險仍採取策略性作為，擔負起其對於環境的責任。瑞士再保險降低環境足跡的策略，可以分為企業自身營運管理、環保意識倡導與營造外部影響力三面向。

在企業自身營運管理的部分，瑞士再保險在企業資產與管理服務部門（CRES, Corporate Real Estate & Services）建構了整合全球的管理系統，藉以確保環境的管理政策在瑞士再保險全球的據點，皆被徹底地執行。瑞士再保險的環境政策，稱作中和溫室計畫（Greenhouse Neutral Programme），其中包含了使用再生能源、減少能源消耗、減低員工出差次數和購買碳權以達到碳中和。

瑞士再保險推出了 COyou2 Programme 計畫，提倡環保意識。此計畫為一獨步全球的倡議。為了能夠讓瑞士再保險的員工對於企業的環境承諾有更深的感觸，並且讓員工能夠在私人生活當中亦力行減碳，瑞士再保險透過補貼員工重新裝置節能的家電或節能之交通方式。在 2016 年，瑞士再保險共核發了 2,449 筆的節能補助。而為了能讓計畫在全球落實，此計畫保有因地制宜的彈性，全球每一瑞士再保險據點的 50% 補助金額，將由地方據點自行設定補助的項目和額度。

除了向內管理，瑞士再保險亦向外擴及其影響力。在初始，瑞士再保險訂定了集團採購策略，當中，供應商的商業行為，必須要達到聯合國全球契約（UN Global Compact）的要求。在近年，瑞士再保險加入了 EcoVadis 聯盟，此聯盟為一個供應商管理的網絡平台，針對供應商的環境策略和人權策略等，訂有具體的評核標準。瑞士再保險計畫在 2020 年時，將其第一線和第二線的供應商，納入此平台，進行縝密的管理。

五、促進員工成長和福祉

瑞士再保險的企業願景，為「讓世界越趨有韌性」（We make the world more resilient）。傑出的人才為實踐企業願景不可或缺的關

鍵。瑞士再保險以成為一個具有吸引力以及兼容性的企業為目標，逐步建構一個多元化、具彈性、具啟發力以及具連結力的組織，串連並匯集傑出的人才，進而創造組織效益。

為了能讓員工發揮其能力，瑞士再保險提倡「敏捷工作」的概念。瑞士再保險的 Own the Way You Work 倡議，給予員工安排工作地點和工作時間的自主權，以確保員工能採行適合自己的工作方式，以達到最有效率的產出。

除了高度的開放性，瑞士再保險對於多元性的重視，為業界之翹楚。瑞士再保險在 15 年前，在其企業內部組成了 Woolf n'Wilde 俱樂部（為一 LGBT 團體，Lesbian, Gay, Bi-sexual, Transgender），和倡導性別議題的外部組織共同合作，確保同性戀者、雙性戀者和變性者在職場上享有同樣的權利。LGBT 的網絡，在英國運轉的相當成功，瑞士再保險近年已開始在亞太和美國推行 LGBT 的相關倡議。

永續發展 贏得永續投資肯定

瑞士再保險自 2004 年至 2016 年，入選道瓊永續成分股共 10 次；除此之外，MSCI（美國股票基金、收入型基金、對沖基金股價指數和股東權益投資組合分析工具之一提供商）亦將瑞士再保險評列為 AAA 級（最高級）。

第三方單位對於瑞士再保險的評比，不僅僅為附加的榮譽，這些評比顯示企業如何均衡環境面、社會面和經濟面的發展，以在中長期的發展過程當中，不斷地找出企業的發展機會以及管理潛在的風險。換言之，若企業能在營運的過程當中兼顧環境和社會，

便能掌握市場先機創造新商機、贏得社會信任並且比競爭者更先達成越趨嚴格的法令要求。這樣的經營策略，是為永續發展的實踐，亦為企業能長久發展的途徑。

【標竿企業 4：可口可樂　以學術研究建構永續網絡】

可口可樂 (Coca-Cola) 是全球最大的飲料公司，每天賣出超過 19 億杯的飲品。可口可樂旗下品牌，除了大家耳熟能詳的可口可樂系列飲品，包括雪碧、芬達、美粒果和爽健美茶等品牌都是旗下的商品。

6P 的永續願景

可口可樂實踐共享價值的策略為，「了解利害關係人的需求，找出其需求與企業願景的交集，進而規劃永續發展的方向。」對於一個產品與民生生活有密切關聯的企業，可口可樂將其企業對於永續發展的努力每日歸零，視永續發展為每一日的責任和挑戰。

具體來說，可口可樂以 6 個 P：人們 (People)、商品組合 (Portfolio)、合作 (Partners)、生態環境 (Planet)、利潤 (Profit)、生產力 (Productivity)，做為創造共享價值的出發點。

- 人們 (People)：營造一個能激發員工潛力的工作環境。
- 商品 (Portfolio)：提供能均衡人們對於口味和健康需求的商品。
- 合作 (Partners)：建構一個連結企業自身、消費者和供應商的網絡，進而創造共享價值。
- 生態環境 (Planet)：協助建構一個永續發展的社會。

- 利潤（Profit）：以永續發展為前提，創造股東的長期性獲利。
- 生產力（Productivity）：成為一個具高效生產力和高度趨勢掌握力的企業。

基於 6P 永續願景，進一步延展出七個具體的實行方向，分別為：農業、氣候行動、社會關懷、人權、產品包裝、水資源、婦女。以下分別介紹這七個面向的具體實行方式，進一步歸納並剖析可口可樂落實永續的歷程。

一、農業（Agriculture）

可口可樂在生產產品以及製造包材的原料，有半數以上來自於農業的產品。主要的原料包含甘蔗、甜菜糖、玉米、甜葉菊、茶、咖啡、柳橙、檸檬、葡萄、蘋果、芒果和紙漿等。也因此，對於可口可樂而言，永續農業是與其企業之利害關係人最切身的議題。實踐永續農業，將能訴諸社會、政治、環境和經濟面的正向發展。

可口可樂在農業面的具體目標為，在 2020 年前，達到 100% 的永續採購。為了達成永續採購的目標，可口可樂透過「設定永續採購的追蹤指標」、「供應商管理」和「學術研究」，階段性地擴展其對永續採購的實踐。

對於可口可樂而言，永續採購的理念背後，必須定義出與農業發展各層面的標準和要求，藉由促進供應商達到這些要求，逐步實踐永續農業。「永續農業依循準則」（Sustainable Agriculture Guiding Principles, SAGP）即為可口可樂對於發展永續農業，所訂定出的要求和標準。

表 3-4　可口可樂的永續農業依循準則

面向	規範
人權	可口可樂針對供應商企業內部的員工集會結社自由、童工議題、勞工歧視議題、合理工時和工資及工作場所安全性等，列出了依循的準則。
環境保護	農業的發展，與環境有高度的依存關係。可口可樂對於水資源的管理、能源管理、自然棲地保護、土壤管理和作物保護訂有明確的規範。
農業管理系統	農業的永續發展，人以及環境是最為直觀的利害關係人。然而農業的管理系統，是實踐永續農業不可或缺的環節。舉例而言，可口可樂鼓勵供應商依據水資源的充沛與否以及土地對於農藥的承載力等，選擇適合其供應商耕作的作物，以最有效地使用自然資源，達到最效的產出。

資料來源：The Coca-Cola Company: Sustainable Agricultural Guiding Principles,
　　　　　資誠編譯

準則的擬訂，必須佐以具體的行動，始能落實永續農業的發展。針對可口可樂所訂定的「永續農業依循準則」，可口可樂發展了配套的「供應商發展計畫」(Supplier Engagement Program, SEP)，藉以落實永續農業的發展。可口可樂以全面的角度，建立了各區皆能適用的實踐法則，逐步引導供應商達到「永續農業依循準則」的規範。

永續農業的發展策略，必須對於現狀有深入的了解，並且掌握變遷的趨勢，才能擬訂最適的發展計畫。對此，可口可樂在 2016 年，僱請第三方單位針對其在巴西、剛果、喀麥隆等地的供應鏈，發布其地區的人權管理和土地使用的狀況。此不僅能使可口可樂的永續發展實踐資訊透明化，亦能藉此掌握趨勢，進而精進永續發展的方向擬訂。

二、氣候行動（Climate）

可口可樂對於氣候變遷所訂定的目標為，在 2020 年前，將因可口可樂而產生的碳足跡減少 25%。可口可樂認為，要因應當前的

氣候變遷，除了企業內部的作為，亦需連結企業與企業或企業與政府單位之間的網絡，始能帶來根基性的改變。因此，可口可樂的氣候行動，可以分為企業內部作為，以及外部倡議。

圖 3-8 可口可樂檢視自身的碳足跡，主要來自於五個面向

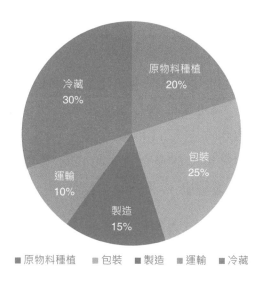

原物料種植
20%

冷藏
30%

包裝
25%

運輸
10%

製造
15%

■ 原物料種植　■ 包裝　■ 製造　■ 運輸　■ 冷藏

資料來源：2016 The Coca-Cola Company Sustainability Report: Climate Protection, 資誠編譯

● 企業內部作為

可口可樂開始推行 PlantBottle 包裝，它和傳統 PET 包裝有一樣的持久性，但是環境足跡比起傳統的 PET 包裝要來的少。而從上述圖表可以發現，冷藏系統所造成的溫室氣體排放量，占了可口可樂的碳足跡很大一部分，甚至比製造和運輸要來的高。為了降低冷藏系統的碳排放量，可口可樂在過去 20 年間，投注了 100 萬美元改善冷藏系統的冷藏效能，以減低碳足跡。除此之外，從 2009 開始，可口可樂引進了 250 萬台的去氫氟烴販賣機，因而減少了 520 萬公噸的二氧化碳排放量。

● 外部倡議

可口可樂長年以來，在聯合國氣候變化框架公約締約方會議
(United Nations' Conference of the Parties, COP)上，扮演積極倡
議者的角色。可口可樂串連食品產業，一同提倡因應氣候變遷的
具體行動，並且發布相關新聞，提倡氣候行動。

三、社會關懷(Giving Back)

可口可樂成立了可口可樂基金會 (The Coca-Cola Foundation)，
其宗旨為立基於可口可樂的核心關注領域，在企業發展的同時，
促進社區的生活水平。可口可樂在每一年，會捐助其營收的
1%，促進社會的發展；截至今日，可口可樂共捐助了 820 萬美
元，促進世界的永續發展。

從 2007 年開始，可口可樂開始聚焦其社會關懷的面向；可口可
樂依據其企業發展的核心能力，聚焦於水資源、資源回收、教育
以及地區倡議。下表摘要可口可樂側重發展的面向之具體作為。

表 3-5 可口可樂社會關懷的具體作為

面向	社會關懷
水資源	可口可樂做為出產飲品的企業，水資源和企業的發展休戚相關，對於水資源的保護，不僅能降低可口可樂的企業風險，同時也能替環境帶來正向影響。可口可樂將資源投注於增進人們使用淨水的管道以及水域的保育。除了硬體方面的建設，在知識面的培養，可口可樂資助社區或者企業進行水資源重要性倡議的相關活動。
資源回收	可口可樂的產品的包材，對於環境造成一定程度的負擔。降低地球的負擔，是可口可樂關注的重點之一。可口可樂投注資源於精進包裝回收再利用的可能性、增進社區對於回收的意識並且提供資金支持回收再利用的研究和發明。

資料來源：The Coca-Cola Foundation, 資誠編譯

四、人權（Human Rights）

可口可樂將人權的重視和重要性，視為企業發展的第一優先條件。為了能夠確保企業以及利害關係人具體落實重要人權議題，可口可樂透過政策擬訂、供應鏈管理以及利害關係人溝通，確保對於人權的維護。

● 政策擬訂

可口可樂制定了參考世界人權宣言（Universal Declaration of Human Rights）、世界勞工組織的工作權利宣言（the International Labor Organization's Declaration on Fundamental Principles and Rights at Work）以及聯合國全球契約（ United Nations Global Compact），制訂了其企業內部的人權政策（Human Rights Policy）。此人權政策，不僅為可口可樂企業內部維護人權的準則和依歸，亦為可口可樂規範供應上的準則來源。

● 供應鏈管理

可口可樂將供應鏈視為其企業運轉的一個環節，而非獨立於可口可樂之外的外部單位。透過要求供應商落實可口可樂制定的人權政策，可口可樂逐步構築一個實踐人權的完整商業系統和全球網絡。

可口可樂實行供應商標準依循計畫（Supplier Guiding Principles Program, SGP Program）。可口可樂定期僱請第三方單位，稽核供應商對於其人權政策的落實程度，並且不定期與供應商的員工進行機密訪談。若供應商不具體落實人權政策，必須提出具體改善計畫，而可口可樂亦保有終止合作的權力。

可口可樂曾經與世界童工禁用組織（International Programme on the Elimination of Child Labour, IPEC-ILO）合作，提供訓練給墨西哥的產糖農夫，倡導童工的禁用，並教導產糖農夫更有效率的耕作方式，以使對童工禁用的倡議，能具體被落實。

● 利害關係人溝通

當今的企業發展快速，工作環境對於人類產生的風險，不斷地在改變。持續性和全面性的利害關係人、工部門、非營利組織溝通，不僅能讓可口可能掌握潛在的人權議題，亦能與利害關係人通力合作，建構人權維護的縝密網絡。

可口可樂曾經與世界食物工作者聯盟（International Union of Foodworkers）合作，每一年舉辦兩場論壇。在論壇當中，廣泛地討論企業和勞工的關係，加深對人權議題的實務理解。

五、產品包裝（Packaging）

線性的商業模式，將加重環境的負載。可口可樂與外部合作，透過建立回收中心和建立循環經濟模式，提升飲品包裝的回收再利用。

● 建立回收中心

可口可樂與其瓶罐供應商 ALPLA 合作，在墨西哥投注了 2,000 萬美元，建構拉丁美洲第一座 PET 回收廠。從回收廠建立以來，此回收廠每年回收 2 萬 5,000 公噸的 PET，回收量比起以往成長了三倍。經過回收再利用的程序，回收的 PET 會被化為樹脂，進而製造成新的瓶器。

● 建立循環經濟模式

可口可樂與奈及利亞一纖維處理商 Alkem Nigeria Limited 和其奈及利亞的瓶罐供應商 Nigerian Bottling Company Limited 合作，創建一個廢棄瓶罐買回的市場機制。無論是哪個廠牌的飲料，消費者可以將使用過的瓶罐，賣給可口可樂。在 2005 年的年均回收量為 135 公噸，到了 2012 年，回收量成長了將近 50 倍，達到 6,200 公噸。此不僅促成了資源再利用，同時替奈及利亞帶來約近 1,500 個工作機會。

六、水資源（Water）

做為飲品的供應商，可口可樂使用大量的水資源。對於水資源的保護和有效使用，不僅是可口可樂企業能持續發展的關鍵，亦是其對社會的重大責任。可口可樂僱請水資源的專家，針對水資源使用效率、廢水處理、水流域保育和社區水資源意識倡議等面向，擬定具體的策略，進而使可口可樂在水資源的使用表現上，成效斐然。

可口可樂雖然使用大量的水資源，但是事實上，可口可樂每使用 1 公升的水，就反饋給社會 1.15 公升的水資源。此顯著的永續作為，主要來自於水資源的使用效率增進以及水資源的保護。

在 2014 年，可口可樂生產 1 公升的產品，需使用 2.7 公升的水。透過水資源使用效率的精進，在 2015 年，2.7 公升下降到 1.98 公升，相較 2004 年，耗水下降了 27%。可口可樂預計在 2020 年，將 1.98 公升的耗水量下降到 1.7 公升。

可口可樂亦藉由積極保護水資源，達成水資源的永續循環。可口可樂在非洲執行雨水計畫（Replenish Africa Initiative, RAIN），提供超過 200 萬人安全的飲用水源。除了在非洲，可口可樂又在拉丁美洲和加勒比海地區成立 50 個水資源基金，持續地促成安全的飲用水水源。

下圖顯示可口可樂 2015 年的水資源使用量和水資源反饋量的數據，正是其水資源策略成功的最佳佐證。

圖 3-9　可口可樂 2015 年水資源運用情況

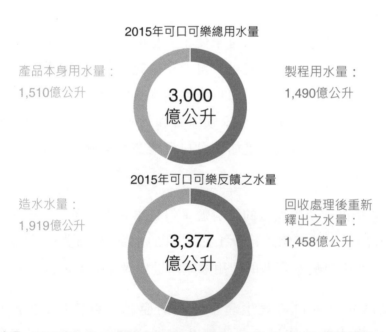

2015年可口可樂總用水量

產品本身用水量：
1,510億公升

3,000
億公升

製程用水量：
1,490億公升

2015年可口可樂反饋之水量

造水水量：
1,919億公升

3,377
億公升

回收處理後重新
釋出之水量：
1,458億公升

資料來源：2015 The Coca-Cola Company：Water Replenishment, 資誠編譯

七、婦女（Woman）

根據研究統計，世界上處於極度貧窮的 13 億人口當中，有 70%是女性。改善婦女的經濟能力，不僅是對於性別平等的具體落

實，亦能大幅度地增益社會發展。可口可樂訂定了 5by20 計
畫——可口可樂承諾要在 2020 年前，根基於其價值鏈——如原
料供應、產品配送、回收和零售等，增進 500 萬位女性的經濟能
力。可口可樂從三個面向三管齊下，落實 5by20 計畫。

圖 3-10 可口可樂透過三大方式進行婦女培力

資料來源：The Coca-Cola Company global commitment: 5by20, 資誠編譯

● 提供技能培訓、財務支援以及導師計畫

婦女在西班牙的家庭和經濟體中，扮演舉足輕重的角色，但是受
到高失業率的衝擊，在經濟層面上苦無立足之地。可口可樂在西
班牙，成立了 Project GIRA Women 計畫，協助年齡介於 23 到
55 歲之間的女性發展其所需要的工作技能。而這些工作技能，多
半可以與可口可樂的價值鏈結合，如此，不僅婦女能有更強健的
經濟實力，可口可樂亦能透過其價值鏈，提供實質的工作機會。

● 建立合作網絡

若要能在 2020 年前，增進 500 萬位女性的經濟能力，必須仰賴一個具擴展性的商業模式以及強建的合作網絡。社會的運作，由不同的產業發展以及公私部門之間的互動構成。為了使婦女的經濟培力計畫能產生長遠的正向影響，可口可樂與政府、企業和社會之間通力合作。在企業方面，可口可樂與比爾及梅琳達蓋茲金會（the Bill & Melinda Gates Foundation）、國際財務組織（International Finance Corporation）、美洲開發銀行（Inter-American Development Bank）等組織合作，藉由彼此的經驗、資源和專擅的領域，深入各社區，發展與地方社區和婦女有深度連結的計畫，藉以確保其所投注的資源，能夠帶來持續性且可擴展的正面影響。

● 學術研究

若要使資源效益極大化，需洞悉各方案和面向之可行性，始能在2020 年前，達到 5by20 的目標。可口可樂與巴布森學院（Babson College）合作，在 2016 年發布了「女性企業家研究報告」（Unleashing the Potential of Women Entrepreneurs）。在報告當中，分析了 5by20 計畫的進程、挑戰、潛力以及展望，藉此使可口可樂更行聚焦，使資源的投注能產生最大的效益。

除了針對 5by20 計畫的研究，可口可樂與聯合國全球契約（UN Global Compact）、聯合國婦女權能署（UN Women）和美洲開發銀行（Inter-American Development Bank）在 2016 年，共同發布「婦女培力計畫落差分析工具」（The Women's Empowerment Principles Gender Gap Analysis Tool, 簡稱 WEPs GAT Tool），協助企業分析發展婦女培力的機會和挑戰。

以學術研究校準永續發展方向 善用網絡強化影響力

可口可樂從 6P 願景出發，勾勒出企業發展藍圖。並以自身的核心本業進一步歸納出 7 個具體實踐行動。可口可樂的獨到之處在於，其在發展的歷程中，佐以學術研究以校準發展方向，並且善用網絡以強化影響力。從供應商、零售商到末端的回收商，可口可樂將其理念貫徹於企業經營的所有環結，建構一個能穩健發展的永續網絡。除此之外，可口可樂強調黃金金三角（Golden Triangle）的合作模式，透過與政府、企業和社會之間的緊密合作，使永續的發展，能逐漸發展出其規模和密度，讓社會的發展進程與永續緊密連結。

表 3-6 可口可樂的永續願景與行動

6P	7 面向的具體行動
人們	可口可樂人權政策、婦女 5by20 計畫。
商品組合	提供消費者低糖以及小量包裝的飲品選擇。
合作	UNCOP 倡議、供應商發展計畫、供應商標準依循計畫。
生態環境	永續農業依循準則、包裝的改良設計、循環經濟模式之採行和機制建置、水資源使用效率之提升。
利潤	水資源使用效率之提升、擴大商品組合。
生產力	永續農業依循準則。

資料來源：The Coca-Cola Company: Mission, Vision & Values, 資誠編譯

第三節　聚焦永續發展目標 SDGs －找出重大性議題

自 2016 年「聯合國永續發展目標」正式上路後，已成為全球企業共同的永續議題，不少國際標竿企業更聚焦 SDG 檢視自身核心能力、盤點重大性議題以描繪未來新價值藍圖。

聯合國曾表示，全球永續目標行動可區分為政府面、企業面和社會面。然而企業是世界上主要的資源汲取者，企業的 SDGs 行動有其不可取代性。建議企業依據 SDGs 指標檢視自身的核心能力，擬定目標，參與全球的永續行動，一方面協助解決世界當前的重大問題，二方面可發展自身對於風險的韌性。

本節將介紹 8 家國際標竿企業：西太平洋銀行（Westpac）、瑞銀集團（UBS）、慧與科技（HPE）、韓國通訊（Korea Telecom）、雀巢（Nestlé）、可口可樂希臘瓶裝公司（Coca-Cola HBC）、馬莎百貨（Marks & Spencer）、寶馬（BMW），如何呼應永續發展目標，以自身重大性議題推動永續計畫和作為。

【標竿企業 1：西太平洋銀行（Westpac Banking Corp.）】

西太平洋銀行（Westpac Banking Corporation）是澳大利亞第四大銀行，總資產超過 2,000 億澳元，為 1,300 萬客戶提供存款、貸款、保險、財富管理等服務。主要業務集中在澳大利亞、紐西蘭和南太平洋的部分地區。Westpac 的永續策略立基於三大主軸：擁抱社會變革、提供環境解決方案和促成更好的金融未來。其推動永續發展的績效，使其連續三年獲選道瓊永續指數的銀行產業領導者。

重要獎項

- 2016 年達沃斯世界經濟論壇全球 100 個最具永續發展公司排名第 33 名。
- 入選國際非政府組織「碳揭露專案」（CDP）2016 年氣候評級 A 名單（2016 Climate A List）。

- 入選 2014～2016 年道瓊永續指數（DJSI）成分股，並成為銀行產業領導者。

表 3-7　西太平洋銀行的 SDGs 行動

西太平洋銀行的永續策略 三大主軸	相呼應之 SDG 行動
1. 擁抱社會變革	女性領導力
	澳大利亞原住民
	社會住房
	增加弱勢地區金融服務
2. 提供環境解決方案	永續發展政策
	投資組合
3. 促成更好的金融未來	微型金融
	強化客戶信任
	支持社會企業，創造就業途徑
	治理論壇

資料來源：2017 Westpac New Zealand's sustainability strategy, 資誠編譯

以下分別詳述西太平洋銀行的 SDGs 行動。

一、擁抱社會變革－女性領導力

　　Westpac 強烈關注員工的多樣性，特別是建立女性高級領導人的升遷管道。其對於性別平等的行動，使 2016 年女性擔任領導職位的比例，從去年的 46％提高到 48％，並預計 2017 年前可達 50％。其在招募領導角色和研究生人數中，至少 50%候選人為女性，並確保相同職位與能力的員工薪酬沒有因性別而有差異，以積極達成性別平等目標。

二、擁抱社會變革─澳大利亞原住民

2015 年 Westpac 聘用 150 名澳大利亞原住民，量身定制的培訓和計畫，以支持他們長期的職業發展。此聘用計畫仍持續進行中，期望到 2017 年，能聘用超過達 500 名澳大利亞原住民。

Westpac 亦加入中澳千禧計畫（China Australia Millennial Project），匯集來自中國和澳大利亞共 200 名年輕創業家，建立雙方商業聯繫，共同應對兩國所面臨的挑戰。參與者獲得了長期的創業技能及知識、實用技能、更強的跨文化意識和與國際同行的寶貴網絡。

三、擁抱社會變革─社會住房

Westpac 提供銀行服務和融資給創造正面社會效益的項目，截至 2015 年 9 月底其金額將近 1,240 億美元。項目包含增加社會住宅貸款，支持清潔能源技術和環境服務部門，以及提供銀行服務給澳大利亞原住民和社福機構服務者。

2016 年 Westpac 將負責社會宅的貸款增加到 10.5 億美元，並承諾到 2017 年提高至 20 億美元。在澳大利亞和紐西蘭的主要城市，因近年房價上漲導致中低收入家庭後補社會住宅的需求不斷攀升。 在 2014 年，Westpac 與 SHCH（St George Community Housing），合作提供了 6,100 萬美元社區住房融資，計畫於雪梨建設 275 間新住宅。

四、擁抱社會變革－增加弱勢地區金融服務

Westpac 與澳大利亞政府合作，共同支持經濟發展，減少貧困和提高生活水平。藉由創新的技術與科技，Westpac 使更多太平洋島民能夠獲得基本的銀行服務，無需長途跋涉到分支機構，提高了該地區的交易量和移動銀行註冊的業務量。

透過傑出婦女獎和西太平洋女性教育補助金等舉措，為女性的教育和專業發展提供資金支持，以解決女性在太平洋地區擔任領導職務方面人數不足的問題。

五、環境解決方案－永續發展政策

Westpac 結合永續發展和風險管理，在運營、貸款和投資決策、供應鏈中，提供清晰的指南，實行「三線防線」風險管理。在 2014 年 9 月發布「氣候變化和環境立場聲明」和「2017 年行動計畫」，旨在加強對金融商品發行者的永續發展風險的獨立審查。

六、環境解決方案－投資組合

澳洲的 BT Financial Group（BTFG）財富管理業務中，鼓勵外部基金經理在投資組合中考慮 ESG 面向。BTFI 在 2015 年首次揭露的 42 個投資期權的環境風險，促使基金經理進行永續性投資。Westpac 利用這些數據分析投資組合中的風險，向客戶提供更多相關發行公司的永續經營信

息，進而促發責任型投資。

而在大型基礎建設中，所有大型基礎設施項目均需接受 Westpac 永續發展風險管理框架的全面審查。Westpac 對於高環境影響的項目，採取獨立盡職審查，以確認在氣候變遷的影響下，相關發行公司或標的物是否有高度損失的環境風險。

七、促成更好的金融未來－微型金融（Microfinance）

自 2008 年開始，利用小額貸款拓展市場的企業數量已經增加到 808 家，其中 63% 的企業在 2015 年 6 月底仍然在運作。Westpac 提供非獲利導向的貸款超過 800 筆，共計 460 萬美元，貸款還款率高達 86.5%。

八、促成更好的金融未來－強化客戶信任

Westpac 透過聚焦永續發展和有效的風險管理來滿足客戶的需求，提供更大的透明度與正確信息，以強化客戶的信任。在風險偏好聲明中納入行為準則風險，訂立所有風險的最低應達標準。為了具體落實風險管理，Westpac 強化並且實施檢測系統以識別異常狀況，進而能全面評估產品的使用壽命和適用性。

除此之外，Westpac 推出線上金融顧問查看服務（Adviser View），提高各個顧問的客戶滿意度評級及顧問之合規資格的資訊透明度。自推出以來，超過十萬人訪問該網站，為客戶提供了 470 多名顧問的職業資訊和客戶評價。

九、促成更好的金融未來－支持社會企業，創造就業途徑

一個解決社會根深蒂固劣勢的關鍵方法是支持「社會企業家」——具有熱情和創新想法的人或組織，進而促進企業社會變革。2015 年 Westpac 提供 25 家社會企業的財務及非財務援助，總額近 150 萬美元，使 1999 年來支持社會企業總數達到 145 家，總金額超過 3 千萬美元。這些社會企業為弱勢族群、少數民族及長期失業者創造了約 389 個就業機會和超過 1,930 個就業途徑。

十、促成更好的金融未來－治理論壇

Westpac 的永續發展委員會由公司高階領導者組成，每年舉行四次會議，利用高階影響力使公司營運與永續發展目標結合。委員會負責支持西太平洋集團的永續業務實踐，包括審查新產生的問題、了解相關的風險和機遇、提供總體戰略方向，並訂立永續發展戰略目標和績效指標。

【標竿企業 2：瑞銀集團（UBS Group AG）】

瑞銀集團（UBS Group AG）是一家國際金融服務公司，總部位於瑞士蘇黎世，為私人、企業、團體客戶提供財務建議及解決方案，在全球主要金融中心及超過 50 個國家設有營運據點，主要業務內容為：財富管理、消費金融與商業銀行、資產管理及投資銀行。

重要獎項

● 2016 年獲得道瓊永續指數（DJSI）評鑑為多元金融服務與資本市場產業群組領導者暨產業領導者。

- 2016 年獲得國際非政府組織「碳揭露專案」(CDP)對於氣候績效的表現評鑑為「A」級。

- 2016 年獲得《歐洲貨幣》(Euromoney)雜誌評選為世界最佳銀行。

- 富時社會責任指數(FTSE4Good Index)成分股之一。

- 獲得世界級企業社會責任評定公司「oekom research」評等為最佳等級。

瑞銀集團的 SDGs 行動

一、CDP 投資者計畫

UBS 不僅在國際非政府組織碳揭露專案 (CDP)中表現優異,UBS 亦為 CDP 中投資者計畫成員之一。藉由全球 822 家投資機構、代表超過 100 萬億美元資產的投資者力量,UBS 邀請世界各大企業填寫 CDP 問卷,揭露企業溫室氣體排放量,以及因應氣候變遷之投資風險及機會之因應策略報告,鼓勵投資者以上述揭露資訊做為公司決策及投資考量因素,藉以減輕氣候變遷對企業之衝擊,並間接推動了永續經濟的發展。

二、永續投資產品及服務

UBS 將永續投資 (Sustainable Investment, SI)定義為一套將環境、社會及治理 (ESG)納入考量的投資策略。永續投資策略的目標為降低投資組合風險,並在追求財務報酬的同時實現對環境或社會的正面影響。

UBS 旗下財富管理與資產管理部門提供客戶具影響力的永續投資產品及服務，投資標地包括再生能源、環境管理、社會整合、醫療保健、資源效率和人口統計。其資產管理部門則提供將基本投資策略與永續目標結合的基金，不僅為追求永續實踐的公司股東創造收益，也為利害關係人創造價值。

除了在產品上實踐永續，UBS 藉由投資瑞士中小企業，支持企業節能工作。UBS 與瑞士企業能源署（EnAW）合作，研發出中小企業模式（SME model），該模式提供企業客製化的能源建議、優化能源消耗，以及降低能源成本的能源管理方式。若中小企業參與該模式，UBS 將支付第一年所需費用的半數。而針對與 EnAW 簽訂並達成目的的中小企業客戶，UBS 提供一次性能源效率獎金，鼓勵中小企業對於能源效率採取積極作為。

三、瑞銀慈善基金會

除透過直接捐款幫助弱勢社區外，UBS 亦成立慈善基金會。與其他金融機構最大的不同是，該基金會成員係由多名慈善領域之專家所組成，旨在提供全世界最脆弱的兒童提供可衡量的長期利益，確保兒童的安全、健康及接受良好教育的權益，以替未來做準備。

許多 UBS 的客戶，期望能運用他們的財富，替社會帶來正向改革。瑞銀慈善基金會其一作為，即與具有此願景的傑出企業家聯

繁，幫助他們實現其慈善目標。瑞銀慈善基金會目前與約 110 個夥伴合作，於全世界執行 121 項慈善計畫，「魔法眼鏡」專案為瑞銀一著名的慈善計畫。

在中國，超過一億的兒童感染寄生蟲，導致腹瀉、疾病、發育遲緩及學習障礙等問題。雖然透過大規模藥物治療可控制感染，但由於兒童缺乏對該疾病的認識以及預防的知識，再次感染比例居高不下。

瑞銀慈善基金會與昆士蘭醫學研究中心合作，製作魔法眼鏡 (The Magic Glasses) 卡通片，讓兒童身歷其境，了解衛生習慣不佳可能導致的狀況，進而使兒童重視如廁後洗手的重要性，大幅提升洗手率，再感染率下降約 50%。

四、企業家計畫

UBS 與 Rent on Runway 基金會進行為期三年的合作，舉行「Project Entrepreneur」，透過在多個城市舉辦工作坊、創業競賽、以及 5 週加速器計畫等，提供具有潛力的女性企業家建立有成長性及影響力的公司所需工具、財力及資源，創造就業機會，帶動經濟發展。

【標竿企業 3：慧與科技 (Hewlett Packard Enterprise Co.)】

惠利特・普克德公司，簡稱惠普 (Hewlett-Packard Company, HP) 成立於 1939 年，總部位於美國加州帕羅奧圖，主要業務為研發、生產和銷售筆記型電腦、桌上型電腦、平板電腦、智慧型手機、掃描器、印表機、投影機、智慧電視及相關周邊產品等。

2015 年 11 月 1 日惠普公司分割為惠普科技（HP Inc, HPI）與慧與科技（Hewlett Packard Enterprise, HPE）兩家獨立上市公司。HPI 主要銷售個人電腦與印表機，HPE 則提供雲端、伺服器及企業軟體產品及相關服務等。HPE 企業社會責任以進步生活（Living Progress）為宗旨，旨在提升效率、促進公平與增加機會。

重要獎項

- 2016 年獲得道瓊永續指數（DJSI）評鑑為電腦硬體及設備產業群組領導者暨產業領導者。

- 2016 年獲得國際非政府組織「碳揭露專案」（CDP）對於氣候績效的表現評鑑為「A」級。

- 2016 年在 EcoVadis 供應鏈永續績效評鑑中獲得科技產業類別黃金等級認證。

- 2016 年於國家公民會議發表的年度公民 50（Civic 50）榜中，評選為前 50 大最具社區意識公司之一。

慧與科技的 SDGs 行動

一、供應鏈管理

做為全球性的 IT 公司，HPE 有著悠久的歷史，並持續關注電子產品的再利用和回收。為了處理，轉售和回收退貨產品，HPE 使用全球供應商網絡，在 73 個國家提供消費者回收機制。這些機制皆符合嚴格的全球再利用和回收標準，藉以確保老舊之電子設備能被妥善的回收。

在美國，HPE 的電子硬體回收商均需通過 R2 或 eStewards 標準

認證，並持續要求 HPE 的全球據點完成標準認證。HPE 為企業提供一系列選項，以促進產品的延長使用，再利用與回收。這些項目包括：

1. 續訂再生產品組合：再生品具有如新品的可靠性和性能，並且能得到近 15% 的折扣。

2. 換購計畫：消費者可以舊機換新機的方式購買新的硬體。

3. 資產恢復：以安全與合法的方式管理舊數據中心和生財器具的報廢和再營銷。

4. 硬體回收過程：與服務於 73 個國家的回收商網絡保持良好的互動關係。

這些回收商利用手工和高科技分解技術，搭配粉碎和材料分離方法進行回收作業。HPE 與長期表現良好的回收商合作，並於美國、巴西、歐洲、中東和非洲、亞太地區和日本等地提供目標性的回收措施。

二、供應鏈責任

HPE 在 CDP 氣候績效中表現優異。若要能規模化的減少對氣候的負面衝擊，必須與供應商緊密的合作，已達成最佳的減碳成效，此亦為 HPE 供應鏈責任（Supply Chain Responsibility, SCR）計畫的一部分。HPE 要求占其直接採購金額達到 95% 的供應商，透過 CDP 系統揭露溫室氣體排放量及因應氣候變遷之方法，並將供應商納入 HPE 的全球碳足跡數計算中。藉由與供應商合作、評估整個價值鏈的足跡，持續制定計畫以減少溫室氣體排放。HPE 透過下列管道，實踐其供應鏈責任：

1. 鼓勵供應商透過 HPE 社會與環境責任 (SER) 計分卡制定和實現溫室氣體減排目標。

2. 透過現有供應商能源效率計畫建立產能。

3. 為物流商部署效率計畫。

4. 為供應商提供減少溫室氣體排放量的工具和指引。

5. HPE 幫助供應商設置永續管理系統，並進一步設計補救計畫，以解決和預防具體問題。此類型的計畫包括透過合格、可信賴的非政府組織的協助下，幫助供應商進入電子行業公民聯盟 (Electronic Industry Citizenship Coalition, EICC) 電子學習學院，利用線上學習平台授予供應商培訓課程，並提供現場諮詢的機會。

三、供應鏈外籍勞工標準

HPE 與供應商合作，確保供應商有具體的勞工保護策略。HPE 提供供應商培訓計畫，幫助供應商識別人口販賣風險，並採取正確的行動預防此情事發生。期培訓計畫包含下列的面向：

1. 供應鏈中的任何外籍勞工應直接由供應商聘僱，而非透過人力仲介公司派遣或約聘。

2. 供應商應設法盡量減少人力仲介公司的使用，並對使用人力仲介公司的國家進行盡職調查和監督。

3. 由外籍勞工保留其護照和個人證件。並須對當地勞工與本國勞工一視同仁。外籍勞工可依據當地法律，使用申訴機制和擁有加入工會的自由。

4. 供應商外籍勞工聘僱合約結束時，供應商需支付與聘僱、出差、加工和遣返相關的所有費用。

四、人權

(一) 通暢員工與公司間溝通管道

HPE 鼓勵員工向人力資源部門報告或聯繫道德與遵循辦公室任何問題或意見。透過機密的員工之聲（Voice of the Workforce, VoW）調查，該調查涵蓋了倫理和包容性，工作環境，領導力和創新等關鍵領域，使員工能表達對於企業發展優劣勢的想法，並協助企業了解員工工作滿意度，進而採取合適的方式，改善工作環境，增加員工滿意度和生產力。

(二) 蒲公英計畫

自閉症患者通常具有優秀的技能，能夠自然地適應需要專注力的工作，但是自閉患者比起一般人更不容易找到工作。HPE 與丹麥 Specialisterne 基金會合作，和澳洲人類服務部門為自閉症患者打開機會的大門。

在澳洲，有一半自閉症患者失業。HPE 透過組織調整與就職階段設計，與澳洲 Specialisterne 基金會分會對自閉症職務候選人進行四個星期的個人社交能力、專業能力，以及團隊合作舒適區評估，被評估為高潛力的候選人將獲得標準適用期。此外，雇用這些候選人的單位主管亦須參加與這些特殊員工工作的培訓計畫。

截至目前為止，該計畫已僱用 37 名員工，27 位成為正式員工，其餘正在受訓中。

（三）　全球殘疾人士計畫

殘疾人士應與一般人一樣，被賦予在 IT 產業成功的權利。為了吸引和保留多元化的員工，HPE 於 2015 年成立了全球殘疾人計畫辦公室，著重於制定能使殘疾人士在 IT 產業施展能力的方案和進程。該計畫有四個明確的目標，預定於 2018 年底實現：

1. 為殘疾員工資源群組建立一個新的全球治理模式，以促進增長和參與。
2. 在關鍵地理位置與外部非營利組織建立夥伴關係。
3. 利用數據驅動方式追蹤指標和基準活動。
4. 改進設施、IT 系統、培訓和協作工具的輔助功能。

（四）　科技轉型

HPE 了解大數據對於改善社會服務非常重要。視覺調查平台是一個基於雲端的數據收集和管理系統，能夠對包括視覺圖像和全球定位系統數據在內的大量信息進行整理和分析。該平台與非營利組織 Fundación Paraguaya 合作開發，以確定巴拉圭的財政和社會服務需求，並幫助 2 萬人擺脫貧困。該平台現在已在商業化階段，在航空和醫療保健行業中提供有效的數據分析。

【標竿企業 4：韓國通訊（Korea Telecom）】

韓國通訊（Korea Telecom, KT）是韓國的電訊公司，以電話通訊、高速網絡等有線及無線通訊服務業為主要業務，提供家庭、個人與企業先進的知能服務，努力促進環保職責、社會職責、經濟責任，以成為一個全方位的企業。韓國電信近年訂定「GiGA Story」計畫，期望彌補城市與偏遠之間教育、文化和經濟標準方面的差距。

重要獎項

- 連續 7 年（2010 至 2016 年）入選道瓊永續指數（DJSI）成分股。
- 成為 2011、2013、2015 年道瓊永續指數（DJSI）電信產業領導者。

韓國通訊的 SDGs 行動

一、社會貢獻

在 2014 年，KT 宣布了 GiGAtopia 願景計畫，該計畫的宗旨，為加速有線和無線網路的速度。KT 基於 GiGAtopia 計畫，提供高品質的通訊服務，協助成功舉辦 2018 平昌冬奧會。KT 利用公司優勢，協助韓國建立國家安全的網絡和系統，並與紅十字會聯合處理重大事故，鞏固國家安全與災害應變能力。

二、智能能源－微電網

KT 藉由 kt-MEG（微電網），管理建築物的能源條件，實現能源的高效使用，成為全球首個全能源管理解決方案。kt-

MEG 做為一個物聯網平台，指導所有相關過程，包括能源資源的生產、消費和貿易。並且，為了穩固 GiGAtopia 計畫的能源基礎，KT 計畫在韓國建立一個大規模太陽能電站，不僅減少電費開銷，也實現節能減碳的目標。

三、物聯網服務

KT 藉由物聯網（IoT）提供各種智能生活服務，空氣諮詢服務即為一例。KT 以物聯網平台和技術連接空氣品質測量儀器，由分析數據為城市的環境進行診斷，並提供環境諮詢服務和協助制訂方案。KT亦將物聯網應用於生態系統分析，與全球移動通信系統協會（GSMA）、西班牙電信、Axiata（馬來西亞電信）建立物聯網數據生態系統。

四、供應鏈管理

KT 除了藉由建立永續發展的指導方針和考核制度以管理供應商，更進一步幫助供應商了解並落實永續發展管理。KT96.91% 的供應商已取得環保認證。此外，KT 亦推出新系統，評估供應商在人權、勞工環境、生態所產生的潛在負面影響，評估結果將用於供應商的年度考核。

五、加強生命關懷

KT 藉由穿戴裝置和保健平台，收集並分析用戶的身體健康狀況數據，促進個人疾病預防，並節約國家醫療成本。在 2014 年，KT 與主要醫院合作，建

立生活保健系統，目標是成為生命關懷服務供應商第一把交椅。

六、客製化的顧客服務

 KT 為特定人士提供客製化服務，提高顧客便利性以及網路使用的品質。KT 為 65 歲以上人士提供免費的私人網路、提供身心障礙者 10 小時的免費視頻電話、阻止兒童或青少年訪問有害網站、推薦兒童和青少年優質的網路資源，並設置限時使用網絡／遊戲網路的機制。

七、GiGA 島（GiGA Island）

GiGA 島藉由提供 ICT 解決方案予偏遠島嶼地區居民，提高偏鄉地區的生活水平與知識獲取機會。KT 投資基礎設施縮小資訊差距、安裝電視監控船隻、提供教育和醫療服務改善當地居民的生活品質，達到教育、經濟、健康及環境等面向之正向發展。

GiGA 島的計畫，產生 16.9 億韓元經濟效果，在教育、農業和經濟等四面向上，皆帶來長足的發展。透過通訊建設，KT 協助偏鄉節省了教育經費的開效。在農業發展方面，KT 通過數據庫諮詢，支持銷售渠道，提高農作產量。而在經濟方面，透過通訊技術，KT 振興了當地的觀光旅遊事業，帶來經濟成長。

八、GiGA 創意村和 GiGA 學校

KT 通過 GiGA 學校，提高偏遠地區和城市間的交流，藉以縮小偏鄉與城市之間的差距，都市人也可以藉此體驗傳統文化，增進城鄉之間的理解。智能教育利用各種設備支持學生和教師之間的交流，並能遠端操控平板電腦設備，以供教學使用。透過 GiGA 基礎設施，使教育超越空間和時間限制，增進偏遠地區學生接受教育的機會，進而培養當地具創造性的全球人才。

【標竿企業 5：雀巢（Nestlé S.A.）】

雀巢（Nestlé S.A.）為一跨國食品及飲料公司，成立於 1866 年，總部位於瑞士。創辦人亨利雀巢先生有感於十九世紀嬰兒的高死亡率，致力於嬰兒食品的研究發展以提供嬰兒所需營養。雀巢至今已營運了 150 年，產品橫跨乳製品、嬰幼兒食品、咖啡及飲品、巧克力糖果、穀物、寵物食品等。雀巢以母鳥哺餵小鳥的鳥巢圖案做為商標，向人們傳遞其代表的安全、責任、溫暖、母愛、自然及家庭等精神與意義，並以提供「優質食品、美好生活」為宗旨。

雀巢以「創造共享價值」為核心，不僅著眼於創造股東的價值，同時亦重視對於社會的回饋。其創造共享價值的計畫分為三大重心：營養、水以及偏鄉社區發展。

重要獎項

- 2016 年獲得道瓊永續指數 (DJSI) 評鑑為食品、飲料及菸草產業群組領導者暨產業領導者。

- 2016 年獲得國際非政府組織「碳揭露專案」(CDP) 對於氣候績效的表現評鑑為「A」級。

- 2016 年全球營養獲取指數（Global Access to Nutrition Index, ATNI）名列第二。

- 2016 年獲得樂施會（Oxfam）評鑑為全球前十大食品及飲品公司「Behind the Brand」農業採購政策分數第二名。

- 為富時社會責任指數 (FTSE4Good Index) 成分股之一。

表 3-8 雀巢的 SDGs 行動

創造共享價值計畫面向	SDG 行動
營養	調整產品配方
	建議份量尺寸
	喝水替代飲料
	長者照護
水	永續農業
	促進更好的水管理
偏鄉社區發展	在可可合作社提供更好的生活
	在 3D 中體驗 Nescafé 計畫

資料來源：Nestlé in society: Creating Shared Value, 資誠編譯

一、營養－調整產品配方

雀巢旗下品牌 Nescau 是巴西巧克力飲料市場的領導者之一。做為領先的營養、健康和保健公司，雀巢希望 Nescau 成為——對巴西兒童健康有助益的

飲品，因此，雀巢重新制定配方，確保 Nescau 中添加的糖份，低於中度活動量的兒童所需能量的 3%、將產品脂肪減少 45%、將蛋白質含量增加 26%，並主動倡議新配方的味道及好處。超過 70% 的醫療保健專業人士認為 Nescau 是一項優質的小吃選擇，而 63% 的消費者表示他們會再次購買該產品。

二、營養－建議份量尺寸

研究顯示，當食物的供應量越大，人們吃得越多。雀巢開發新的工具幫助人們了解何謂適當的份量及尺寸，協助人們進行選擇。新工具之一為雀巢披薩份量指南（Pizza Portion Guide），由雀巢美國的營養師製作，以幫助人們採行健康飲食。該指南將披薩視為混合菜餚，為一種將多種食物，如帶殼穀物、含鈣量高的乳製品、蔬菜以及蛋白質組合在一起的食物選擇。雀巢提供具體的飲食建議，如搭配其他蔬菜和水果一起食用，協助現代人在忙碌的生活中實用速食之際，仍能保有健康和均衡的飲食。

三、營養－喝水替代飲料

選擇水代替含糖飲料可以減少卡路里攝取，幫助消費者保持健康的體重。飲用水代替含糖飲料對於波蘭是相當重要的議題，波蘭有 22% 的學童、49% 的女性和 64% 的男性超重或受到肥胖相關問題的影響。

雀巢在波蘭推出了使用雀巢 Pure Life® 品牌的 I Choose Water 計畫。與波蘭飲食學協會（PTD）合作，開展相關的飲水倡議，旨在通過電視、印刷、廣告、線上影音、店內展示和傳單來吸引更多

的消費者，鼓勵消費者喝更多的水來改善健康。此活動聚集了諸如瓶裝水公司和自來水行業等主要利害關係人一同推廣此倡議，旨在激發其他國家進行類似的活動。

四、營養—長者照護

雀巢不僅幫助兒童在生理上獲得健康，更支持家庭成員中的年長者，幫助他們在老年時仍保持活力。雀巢日本在 2013 年與神戶市政府合作，開始了「元氣神戶！Iki-Iki！」計畫，透過鼓勵年長者走入近距離且可以聊天的咖啡廳，提高老年人口的生活質量，以減少照護需求。

雀巢日本正在致力於為社區中指定的會議場所提供 Nescafé Gold Blend 咖啡機來支持這一行動。雀巢亦僱請導師與年長者討論營養，並教導他們在家裡練習簡單的運動提升元氣。

五、水—永續農業

水是一種珍貴的資源，水資源的管理是企業永續經營的關鍵之一。雀巢之綜合水資源管理計畫包含五個關鍵要素：零水技術以避免使用地下水、減少用水量、處理和回收廢水、實施 AWS 國際水資源管理標準，以及與政府、聯合國機構和其他利害關係人合作解決水資源問題。

雀巢與熱帶雨林聯盟合作開發「Nescafé 更好的農業規範」（Nescafé Better Farming Practices, NBFP），教導農民如何在灌溉期間減少用水、保持水質和處理廢水等，幫助農民提高產量和質

量，同時遵守社會和環境永續標準，與農民一起實踐永續農業的願景。

NBFP 計畫，亦協助越南咖啡種植者實行永續農業。越南是世界上最大的羅布斯塔咖啡出口國，由於降雨不穩定，乾旱和過度灌溉，長期存在水資源短缺的風險。透過 NBFP 計畫，雀巢幫助 Farmer Connect 網絡中將近 20 萬越南咖啡種植者實踐永續農業。

六、水－促進更好的水管理

 根據政府間氣候變化專門委員會（IPCC），秘魯是已經面臨水資源壓力的 12 個國家之一，其水源遠遠供不應求。祕魯的首都利馬有近 1,000 萬人口，然而其地區的年平均降雨量只有 13 毫米。

所有用水戶的集體行動對於提高用水效率至關重要。2013 年 4 月，瑞士發展合作署（SDC）和雀巢祕魯簽署了一項合作協議，以衡量和減少雀巢在利馬業務的水足跡。自 2013 年以來雀巢透過非政府組織 Agualimpia 實施 SuizAgua 計畫，其計畫內容包括：

1. 供應商談話：舉辦演講，幫助雀巢的三家主要供應商了解當地水資源的匱乏性及其可以因應水資源匱乏的策略。

2. 鄰居談話：藉由邀請附近居民參與談話，學習當地居民節水和用水的方法。

3. 冰淇淋罐洗滌水再利用：在生產過程中儲存和再利用更多的水。

4. 在混合準備槽安裝水位感應器：透過水位感應器，管理水資源，進而增進水資源的使用效率。

5. 牧場和水管理的技術評估：向 Chetilla-Cajamarca 奶製品供應商提供的技術援助，改善牛奶的質量、農民的生產力以及水資源的使用方法，以使牧農有更好的收入，進而改善農村社區的生活水平。

七、偏鄉社區發展－可可合作社提供更好的生活

雀巢在農村地區擁有 400 家工廠，聘僱共 20.5 萬人，從 400 多萬農民手中採購原材料，其中 76 萬人直接供應給雀巢。因此雀巢相當重視農民的生活福祉，雀巢提出 Farmer Connect 計畫，培養農人的能力——從播種、收穫後儲存、農場動物健康、照顧和福利，到農場管理和記錄，以及對土壤生產力的保護灌溉，皆在培訓的範圍內。

象牙海岸共和國的可可產業面臨著許多挑戰。雀巢與勞工平權組織（Fair Labor Associateion, FLA）和其他組織合作，與可可合作社密切合作，以解決這些問題。雀巢可可計畫的三個目標為：提高農民的利潤，改善社會條件和改善採購。

許多合作社的農場正面臨老齡化的問題。在 2010 年，雀巢建立了一個苗圃來種植新的、高產量的植物。每年約有 3 萬株植物免費分發到農場，一旦作物成熟後，預期可能提高兩倍以上產量，以提高農民收入。為了支持這項計畫，雀巢培訓農民採行良好的農業技術，如農場維護和收穫技術。除此之外，雀巢亦對農場實

行獨立審計，實施良好作法的農民將受到認證，並佐以激勵措施，促進持續改進。

改善社會條件，特別是童工議題處理和增強婦女權能是實現美好生活的關鍵要素。雀巢在合作社安裝了童工監測和治理系統（CLMRS），並與農民合作，提高對這些問題的意識。

雀巢還支持婦女通過種植諸如木薯，香蕉車前草和蔬菜等作物來增加自己的收入。通過社區主導的性別行動學習永續發展方法，幫助社區成員制定個別行動計畫，並為婦女提供聽取其意見的機會。雀巢更與紅十字會與紅新月會國際聯合會（IFRC）合作，共同改善社區的衛生改善，例如修復水泵和建造衛生設施。截至目前為止，23 個村莊已實施衛生方案。

雀巢與合作社合作，幫助他們制定未來三年的計畫。重要的是，雀巢在計畫開始的初始，即以當地合作社想要發展的方向為利基點，從旁提供協助，而非以主導的角色推行計畫。通過在財政和資源方面的重大投資，農民及家庭生活獲得極大的幫助，雀巢亦藉此確保其擁有永續的供應鏈，以實踐永續願景。

八、偏鄉社區發展－在 3D 中體驗 Nescafé 計畫

通過 Nescafé 計畫，雀巢向農民提供了九千萬個免費或大量補貼的咖啡設備，並培訓數百名農民栽種咖啡。

消費者現在可以通過 Nescafé 360° App 查看雀巢的開發工作。使用由 Google 開發的 Nescafé 品牌虛擬實境觀察器，Android 和 iPhone 用戶可以通過特製的 3D 視頻體驗巴西咖啡農場，展示雀

巢咖啡計畫如何幫助農民獲得更好的咖啡、更高的產量和更高的收入,此影視亦可在 YouTube 上觀看。

【標竿企業 6:可口可樂希臘瓶裝公司(Coca-Cola Hellenic Bottling Co. S.A.)】

可口可樂希臘瓶裝公司(Coca-Cola Hellenic Bottling Co., Coca-Cola HBC)是一家在歐洲最大的非酒精飲料裝瓶公司,銷售業務包含 28 個國家,產品大多為非酒精飲料。Coca-Cola HBC 是可口可樂公司的合作夥伴之一,其中可口可樂公司許可品牌約占 Coca-Cola HBC 銷售量的 70%。

重要獎項

- 連續 9 年(2008 至 2016 年)入選道瓊永續指數(DJSI)成分股。
- 成為 2014~2016 年道瓊永續指數(DJSI)全球飲料業領導者。
- 入選國際非政府組織「碳揭露專案」(CDP) 2016 年氣候評級 A(2016 Climate A List)。
- 自 2001 至以來連續入選富時社會責任指數(FTSE4Good Index)。

可口可樂希臘瓶裝公司的 SDGs 行動

一、水資源管理

在環境方面,Coca-Cola HBC 與政府和非政府組織合作,保護重要流域、濕地

棲息地，以維持生物多樣性。在資源方面，除了在自身工廠節約用水、做好污水處理外，更與供應商合作，盡力減少在整個價值鏈中的「水足跡」。除此之外，Coca-Cola HBC 持續投注資金於發展社區節水項目，研究有效率利用水資源的方法。透過這些方式和技術創新，水足跡自 2013 年 196 億公升逐年下降至 2016 年 181 億公升。

2013~2015 年間，Coca-Cola HBC 獲得歐洲水資源管理標準（EWS）所頒發的 13 張黃金證書，並承諾在 2020 年時，所有工廠都將達到歐洲水資源管理標準（EWS）或水資源管理聯盟（AWS）的認可。

二、碳排放量

Coca-Cola HBC 透過發電方式、運輸路線規劃和產品包裝的設計，減少碳排放量。Coca-Cola HBC 增加太陽能裝置、在部分地區以鐵路運輸代替車隊、利用輕量瓶包裝，減少 24％的塑料使用，以減少溫室氣體排放量。

三、永續包裝與回收

Coca-Cola HBC 透過包裝的改良，持續減少資源的耗用，例如研發短頸瓶蓋以減少塑料的使用、研發輕型鋁罐以減少 4.5％金屬的用量、設計玻璃清亮包裝以減少 30％的玻璃用量。除了產品本身的設計改良，使用可再生的材料亦是達成永續包裝與回收的關鍵。Coca-Cola HBC 使用 30％由植物製成的 PET 材料，使塑膠瓶能完全回收再利用。

四、綠色供應鏈

永續採購是公司優先事項，所有 Coca-Cola HBC 的供應商都必須遵守其供應商指導原則。供應商指導原則中，參考了 EcoVadis 此衡量供應商永續績效的指標，針對工人的權利、健康、安全和環境，列出具體的要求。

為了實現碳足跡減量，Coca-Cola HBC 將重心放在「本地採購」，以降低物流成本與碳排放，並為當地社區帶來實質經濟效益。如與俄羅斯製糖業合作開發甜菜糖即為一例。

五、消費者健康

Coca-Cola HBC 將健康的生活方式納入企業經營的策略考量。Coca-Cola HBC 承諾，努力達成在每個市場提供低或零卡路里的飲料、透明化營養信息標示以及負責任的行銷（不對 12 歲以下兒童行銷）。

為了提供健康的飲品，Coca-Cola HBC 也新增了果汁組合，提供消費者更為健康的飲品選擇。

六、擁抱多樣性

Coca-Cola HBC 為提高多樣性與包容性，將女性主管比例自 2014 年的 32% 提高至 2016 年的 33％。在 2015 年，Coca-Cola HBC 聘用的 245 名儲備幹部中，有 44％是女性。另外，Coca-Cola HBC 也展開多個教育訓練項目，教導女性員工商業知識和領導技能，並且提供個人發展規劃的諮詢服務。

七、永續的行銷活動

 Coca-Cola HBC 藉由贊助體育活動達到廣告效果，並轉化公司形象。在匈牙利推出的 Wake Your Body 計畫，Coca-Cola HBC 鼓勵各年齡層參與各種健身運動。除此之外，Coca-Cola HBC 連續三年與義大利客戶 Autogrill 在聖誕節合作，支持義大利紅十字會的青年體育活動，大幅提高公司飲料銷量。

八、社會責任計畫

 Coca-Cola HBC 的社會責任計畫已從過去單純的慈善捐款轉變成為長期計畫。Coca-Cola HBC 與 28 個國家的 230 多個非政府組織合作。在 2015 年，Coca-Cola HBC 為社會責任計畫投注了 820 萬歐元，占稅前盈餘的 2.3%，並且有超過 7,600 名員工願意在私人時間參加志工服務。

【標竿企業 7：馬莎百貨（Marks & Spencer）】

馬莎百貨（Marks & Spencer, M&S）於 1884 年成立於英國，全球設有 1,382 間分店，以靈感、創新、誠信和接觸為理念，產品橫跨時裝、食品及家居用品，為英國最具代表性的連鎖商店之一。2007 年 1 月馬莎百貨推出名為「PLAN A」的新道德和環境計畫，制定 100 項環境和社會承諾，到 2015 年增加到 180 項，多數均已實踐。馬莎百貨被英國同行譽為最有責任感的企業、歐盟保護環境典範前五強；世界零售獎評為責任感最強的零售商；《新聞週刊》評為全球十大公司典範和零售商典範。

重要獎項

- 2016 年獲得道瓊永續指數 (DJSI) 評鑑為零售產業銅牌。
- 2016 年獲得國際非政府組織「碳揭露專案」(CDP) 對於森林績效的表現評鑑為「A-」級、氣候績效表現為「B」級,並於 2016 年首次參與水績效計畫。自 2009 年 CDP 森林績效發布以來均被評鑑為零售產業領導者。
- FTSE4Good Index 成分股之一。
- 2015 年獲得世界級企業社會責任評定公司「oekom research」評等為零售產業最佳等級。

馬莎百貨的 SDGs 行動

一、零殘忍的美麗

 M&S 了解顧客對於廠商是否使用動物測試化妝品和家用產品相當關心。自 2006 年 1 月起,M&S 保證超過 1,200 種美容或家用產品中的任何成分均不使用動物測試。無動物試驗的產品在包裝上貼有經國際反動物測試組織 (Cruelty Free International) 核准之一「跳躍兔子」(Leaping Bunny) 標章,讓消費者知道產品是否經動物測試。

「跳躍兔子」係由英國成立超過百年的團體——英國廢除活體解剖聯盟 (British Union for the Abolition of Vivisection, BUAV) 於 1998 年提出,目的是為了讓大眾可以更容易辨識無動物測試的產品。品牌要獲得此標章,必須嚴格遵守 3 大原則,BUAV 也會進行審核:

1. 嚴禁在產品進行動物測試。

2. 嚴禁在成份進行動物測試。

3. 嚴禁授權第三方進行動物測試。

BUAV 在 2012 年，針對彩妝護理品牌啟動國際反動物測試運動（Cruelty Free International），把這個使命版圖由歐盟擴大至全世界，更在 2013 年，成功讓歐盟立法禁止銷售不符合以上三個準則的品牌。品牌如果曾經或有意獲得他們的標籤，無論在任何市場或國家都必須遵守規範，聯盟會持續監察，如有違反立即除名。許多知名品牌在創立之初都提倡愛護動物而獲得標章，但都因為決定打入需要做動物測試方可進口的市場而被除名。

二、永續魚類

2011 年 M&S 推動永續魚類計畫，旨在幫助顧客和他們的孩子更了解魚類、清潔英國海灘，以及保護英國海洋生物。M&S 透過與海洋保護協會和世界自然基金會的合作，保護海洋生物和海灘的未來，其有主要活動如下：

1. 設立魚類學校，教育並啟發 40 萬名小學生了解如何保護魚類的未來。

2. 鼓勵其顧客及員工，幫助海洋保護協會（MCS）進行每年兩次、超過 400 個英國海灘的清潔活動。

3. 投資超過 100 萬英鎊的世界自然基金會項目，幫助管理英國魚類資源，如鱈魚，並保護重要物種如海豚、海龜等。

4. 透過推廣更多高品質、永續來源的魚類，及引進較不知名但更豐富的品種，如黃蓋鰈和比目魚，幫助顧客做出更健康和永續的選擇。

三、提升顧客 PLAN A 參與度

在 2015 年 10 月 M&S 推出 Sparks 會員卡。除了折扣和其他福利外，持卡人可自 9 家與 M&S 合作的慈善機構擇其一：英國抗乳腺癌慈善機構（Breast Cancer Now）、大奧蒙德街醫院兒童慈善協會（Great Ormond Street Hospital Children's Charity）、麥克米倫癌症支持協會（Macmillan Cancer Support）、海洋保護協會（Marine Conservation Society）、皇家英國軍團（The Royal British Legion）、林地信託（The Woodland Trust）、房屋慈善組織（Shelter）、聯合國兒童基金會（UNICEF）及世界自然基金會（WWF）。

顧客每使用 Sparks 會員卡交易一次，M&S 即代表顧客捐贈 1 便士給其選擇的慈善機構，同時還可以收到他們所選慈善機構的最新信息。截至 2016 年 3 月，持有該會員卡的 390 萬名客戶中，350 萬名選擇參與該計畫（約 90%），慈善捐贈總額達到 64.9 萬英鎊。

四、Shwopping 計畫

Shwopping 計畫指每次顧客到 M&S 購物時，可將不需要的衣服帶到 M&S 店面（不是 M&S 的商品亦可），將其放進位於結帳櫃台附近 Shwop Drop 箱，所有衣服都將送到 M&S 的合作夥伴──樂施會（Oxfam），將這些衣服在其實體店鋪或線上商店轉售，在世界各

地的不同國家重複使用，或回收纖維以做為新原物料（例如用做床墊填充物）。這些衣服絕對不會去垃圾掩埋場，同時，樂施會使用賺得的資金幫助世界各地結束極端貧困。

Shwopping 計畫在英國實行已相當成熟，M&S 在捷克和香港亦推出了類似的衣物回收和再利用計畫。截至 2015 年為止，M&S 共回收了 270 萬件衣服，並繼續與劍橋大學製造研究所合作，與 Innovate UK 聯合資助一項為期兩年的研究項目，研究如何透過循環經濟思維以降低服飾對環境的影響。

五、公平貿易

公平貿易是一個全球性的運動，奠基於建立對話、透明與互相尊重的貿易夥伴關係，推動永續與道德的發展體系，以促成更平等的國際貿易。公平貿易賴於一系列的規則以確保生產者獲得公平的報酬、勞動者獲得應有的權力、以及環境得到保護，提供生產者、貿易商與消費者直接參與對抗貧窮與剝削的管道。

在 2006 年，M&S 是第一家將其所有的茶葉和咖啡交易轉移到公平貿易的主要零售商。M&S 及其公平貿易茶供應商——Iri-iani 自 2010 年以來一直致力於為肯亞茶葉作物增加價值。M&S 提供資金、教育和專家諮詢，幫助肯亞農民獲得技能和技術知識，使農民能夠自給自足。

除了茶葉之外，M&S 的紅酒、花卉以及巧克力等亦來自於經公平貿易認證的產地，確保其作物可得到合理的價格，讓農民有能

力在他們的社區進行投資，為自己及其家人提供更美好的未來。

【標竿企業 8：寶馬（Bayerische Motoren Werke AG）】

寶馬（Bayerische Motoren Werke AG, BMW）於 1916 年成立於德國慕尼黑，BMW 最初為飛機引擎生產廠，發展至今以高級轎車為主導，旗下擁有 BMW、MINI 和 Rolls-Royce 三大品牌，並生產享譽全球的飛機引擎、越野車和摩托車的企業集團。BMW 在 14 個國家擁有 31 家生產和組裝廠，銷售網路遍及 150 多個國家和地區，為全球高級轎車領導者品牌之一。

重要獎項

- 唯一一家自 1999 年道瓊永續指數（DJSI）頒布以來每年均入選汽車及零組件產業之汽車製造商，2016 年為汽車及零組件產業群組領導者暨產業領導者。

- 2016 年獲得國際非政府組織「碳揭露專案」（CDP）對於氣候績效的表現評鑑為「A」級，為全球僅有三家連續六年獲得「A」級評鑑公司之一。

- 為富時社會責任指數（FTSE4Good Index）成分股之一。

寶馬的 SDGs 行動

一、支持再生能源

BMW 與 10 家綠色能源供應商以及 4 家車棚、房屋和車庫屋頂的太陽能系統製造商合作，促發 15 個國家的客戶使用再生能源。

BMW 估計，德國約有四分之三的電動汽車車主使用再生能源在家裡為車輛充電。因此，BMW 與德國重要的再生能源配電公司——自然電力（Naturstrom AG）合作，讓 BMW i 系列客戶有機會購買合適的綠色電力包為他們的電動車充電。Naturstrom AG 提供的電能中，百分之百為再生能源，且大部分來自風力發電，以確保這款電動汽車為零二氧化碳排放。

若客戶選擇給車庫安裝太陽能電池板，BMW 也會提供幫助。透過與生產車窗和房頂等零組件的德國太陽能系統商 Solarwatt 合作，讓客戶能在自己家裡生產綠色能源，為他們的 BMW i3 或 i8 充電。

二、電池第二生命

 擴大再生能源的關鍵先決條件在於分離能源的產生和消耗。為了實現這一點，BMW 採取了一些創新的方法，如「電池第二生命」。

「電池第二生命」為可再生能源的靈活存儲提供了解決方案。BMW 結合四個使用過的 BMW i3 電池，成為一個大的、1,000 公斤重的儲存系統。這種儲存方式足以為三人家庭提供一周的能源。而此循環使用電池的方式，幫助再生能源整合到電力網絡中，降低總體能源成本。透過在歐洲，亞洲和美國引進大量試點系統，BMW 證明了此方法的技術和經濟可行性。

三、使用回收和可再生原料

 回收原物料在 BMW 車輛中的應用越來越廣，BMW 汽車高達 20％的熱塑性材料為回收材料製成（2012 年：高達 15％、2013 年和 2014 年：高達 20％）。

這些材料平均占車輛重量的 12％，而回收利用率的增加顯示 BMW 在車輛生產過程中完成原物料永續循環的努力相當成功，對資源效率做出重要貢獻。

四、報廢車輛回收和再循環

BMW 認為報廢車輛不應只做為廢物處理，而應做為第二原料來源。BMW 建立報廢車輛、零組件和材料的回收系統，確保它們重新融入原物料循環。因此，BMW 在 30 個國家安裝了報廢車輛回收系統，並為專業救援中心的車主提供環保車輛回收。

五、智慧交通

BMW 希望透過改變車輛、改變移動方式，提供高品質的安全和永續的個人移動性，以迎接未來城市交通的挑戰。BMW 相信，數位化可以對城市交通的永續設計做出重要貢獻。為了因應這些挑戰，並與利害關係人對話，BMW 於 2015 年成立了城市交通能力中心。

此跨學科團隊中心被賦予與城市和當地利害關係人合作開發和促進城市交通解決方案的任務。例如，BMW 與慕尼黑市政府建立了聯盟夥伴關係，透過建立公私合作夥伴關係來融資和營運充電基礎設施，推動電動汽車發展，幫助城市發展永續交通模式、減少交通流量，及提高城市生活品質。同時，亦透過推動電動汽車專法立法，促進其發展。在德國漢堡和柏林也有類似的協議，相應的行動計畫將於 2016 年制定和實施。此外，BMW 還將與歐洲其他城市進行進一步會談。

六、智慧生產

在美國斯帕坦堡、德國萊比錫、德國雷根斯堡、德國慕尼黑以及德國蘭茨胡特等地，BMW 採用智慧能源數據管理系統。該系統使用智慧儀表，可連續測量生產系統和機器人的能源消耗，並以網路即時將資訊回傳至集團中央系統進行比較。因此，該系統可與現有設備及供應體系中的能源消耗計量系統進行整合並與其互補，降低電力消耗，同時提高生產安全性和產品品質。智慧能源數據管理系統的開發是 BMW 以工業 4.0 為出發點的生產概念之一部分，該項計畫亦獲得歐洲區域發展基金（ERDF）支持。

七、CDP 供應鏈計畫

BMW 永續發展風險管理系統提高了供應鏈中社會和環境風險的透明度，亦提高了供應商最高管理階層的永續意識，有助於 BMW 介紹和追蹤相應的改善措施。而另一項提高供應鏈透明度和提高資源效率的措施為 CDP 的供應鏈計畫。

自 2014 年起，BMW 持續參與 CDP 的供應鏈計畫，BMW 的目標為，在 2016 年之前，參與該計畫的 BMW 供應商需占 BMW 絕大部分直接採購量。截至 2015 年，參與該計畫的供應商比例已達 BMW 採購量的一半。

在 2015 年參與 CDP 供應鏈計畫的 99 家 BMW 供應商中，84％將因應氣候變化的措施納入其企業營運策略，64％制定了相應的目標，80％的參與供應商已報告特定項目排放量的減少，35％甚

至能夠保持其總排放量不變或減少。截至 2015 年，透過生產過程的效率提高以及運輸過程的優化，BMW 供應商減少了約 3,500 萬噸二氧化碳排放量（2014 年為 2,100 萬噸）。

結語

藉由 17 項永續發展目標，企業可以與相關利害關係人建立長久友善的關係，幫助企業確定增長機會以及降低風險。報告中，每家企業皆以全面向環境（Environment）、社會（Society）、治理（Governance）角度為起始，延伸其 17 項永續發展目標（SDGs）達成。資誠觀察這些標竿案例的報告趨勢及重心可分為以下幾點：

一、整合性報導（Integrated Report）

永續報告已日趨成熟，自主性揭露者也持續增加，藉由以整合性報導（Integrated Report）做為報告基準，將整合財務規劃與永續議題，使資本配置兼具效率和生產力，以持續推動企業永續發展目標。聯合利華、UBS、Coca-Cola HBC、Swiss Re 皆出具整合性報導，顯示公司高層將環境、社會議題做為政策首要考量的決心。

二、量化非財務績效

公司藉由量化非財務績效表現，使資金運用於永續經營時，能兼顧公司利益與環境友善，如聯合利華藉由上游農民種植番茄的互動影片，建立與消費者的信任，使拉丁美洲的番茄醬市占率提高了 10%。

三、從供應鏈的原料開始做起

除了公司內部做好永續治理外，公司也經由知名度和影響力協助其上游較弱勢廠商發展環境友善或兼容經濟（Inclusive Economy），加強上游供貨穩定性，減少企業受環境衝擊所面臨的風險。雀巢幫助 Farmer Connect 網絡中近 20 萬越南咖啡種植者，透過「Nescafé 更好的農業規範」實踐永續農業。

四、循環經濟

循環經濟可以避免材料浪費，有效回收產品的各部位零件再投入製程當中，致力消除不可再利用之塑化、金屬和有毒原料，大量減少廢棄物產生。BMW 將報廢車輛視為第二原料來源，建立車輛、零組件和材料的回收系統，確保重新融入原物料。

第四章

企業的綠色策略

第一節　氣候金融時代來臨－認識氣候變遷財務化（TCFD）

世界經濟論壇（World Economic Forum）最新發布的《2018 年全球風險報告》（Global Risks Report 2018）中，氣候變遷衍生的相關風險再度在最重大可能發生及潛在最重大影響風險的排行榜上名列前茅，包含極端氣候事件、自然災害及缺乏足夠的氣候變遷減緩及調適行動等，這也呼應了真實世界中，不斷發生的極端氣候災害事件，例如根據美國政府在 2018 年初所發布的報告，2017 年美國遭遇大火、冰雹、洪水、龍捲風、旱災，以及三次強烈颶風等天然災害，損失高達 3,060 億美元。

而為了抑制地球升溫，避免極端氣候災害事件，各國政府也擬訂了各類法規，例如英國、德國及法國宣布相繼於 2030 年或 2040 禁售汽油車，或者積極調整能源結構，轉換到再生能源，例如英國預計在 2025 年之前關閉所有燃煤發電站。

不管是氣候變遷所造成的天然災害實質性衝擊，或是各國政府為抑制地球暖化所發布各項政策帶動的企業轉型之過渡性衝擊，除了對各國的經濟發展有重大影響，對全球企業的營運及其可能產生財務的負擔也非常重大，例如泰國洪水造成當地企業廠房設備的損失，也造成汽車業、硬碟及相機供應鏈斷鏈引發下游其他國家企業的損失，這是所謂的實質性或物理性風險衝擊所造成的財務影響；而燃煤開採業者面臨關閉或燃煤發電業者必須開發新能源，或是電動車及上游零組件業者必須掌握禁售汽油車所帶來的商機，這就是所謂的過渡性或轉型風險或機會可能帶給企業的財務影響。

上述的風險已經是既存的事實，相對的機會也隨之展現。但是企業對這些風險與機會財務影響的評估及揭露卻是少之又少，這直接衝擊到全球邁向低碳經濟的腳步！

TCFD 的緣起

氣候變遷對於世界各地的影響逐漸加劇，天然災害帶來的人員與財產損失也日益嚴重。除了政府投入強化防災政策外，銀行、保險、證券及投資等金融業者企業都已經明顯感受到氣候變遷風險對企業而言具有絕對的財務影響，但卻鮮少有企業能系統性地將氣候影響力所造成的財務風險與衝擊予以量化，致使氣候變遷影響力未能合理地反應至金融體系決策中，影響金融市場訂價，資金裹足不前。

為此，後巴黎協議時代來臨，全球氣候大作戰啟動，然而 G20 各國財長及央行首長普遍認為各國企業無法準確地揭露氣候變遷所帶來的財務影響；也因為缺乏足夠的資訊，現今資本市場無法準確執行合適的資產配置和風險定價等因應氣候變遷風險的決策，使得金融市場瀰漫過多的不確定。有鑒於氣候風險的衡量為管理氣候風險的首要工作，國際金融穩定委員會（Financial Stability Board, FSB）於 2015 年成立了金融特殊任務小組「氣候相關財務揭露專案小組」（Task Force on Climate-Related Financial Disclosures, TCFD），成員包含保險業者、非金融產業、會計師事務所和顧問公司以及信評機構等產業的領袖。

該專案小組於 2016 年 12 月提出了《氣候相關財務揭露建議書》初稿，歷經 2 個月的公眾諮詢及 4 個多月的討論，該專案小組於

2017 年 6 月正式發布《氣候相關財務揭露建議書最終版本，以下簡稱「建議書」》(Recommendations of the Task Force on Climate-related Financial Disclosures)，以供企業提供投資人、融資人、保險人及其他利害關係人攸關且可靠的財務基礎衡量資訊，並於 7 月的 G20 高峰會中報告。

TCFD：企業必須評估與量化氣候相關風險、機會與財務影響

氣候變遷所帶來的風險和機會不僅是各國政府努力希冀掌控的資訊，更是利害關係人日趨關注的議題。企業為了滿足利害關係人的需求，更為了掌握商機，必須瞭解並揭露氣候變遷可能帶來的風險和機會，及其所造成的財務影響，TCFD 的主要任務就是要協助企業達成這項目標；而直接影響多數企業營運命脈的金融市場投資人、貸款人和保險人，更需要瞭解氣候變遷相關風險和機會如何對企業現金流、資產和負債等造成影響，以做為其財務決策的依據，TCFD 的目標之一也就是要促成金融市場取得適當完整的資訊，做出「知情決策」(Informed Decision)。茲以下圖表闡述各種氣候風險與機會對企業財報的影響：

圖 4-1　TCFD 著重氣候風險與機會對企業的財務影響為何

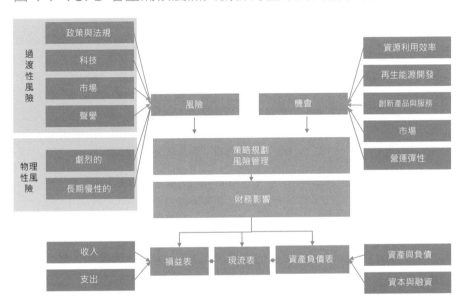

資料來源：Task Force on Climate-related Financial Disclosures June 2017 Overview of Recommendations。資誠編譯

可以看出，財務衝擊導向架構下的報導機制下，須要將政策、科技、法規及市場隨著全球轉型到低碳經濟產生的改變，對企業財務造成的機會及風險項目進行辨識、分析、衡量並揭露。

《建議書》將氣候對企業造成的風險分成兩大類型，其一為物理性風險（Physical Risks），其二為過渡性風險（Transitional Risks）。前者為現今普遍被大眾接受的概念，也就是由於氣候變遷導致的重大災害風險，關於這兩類風險以及潛在的財務影響，PwC 資誠結合《建議書》內容和專業輔導經驗，舉例說明如下：

表 4-1　兩大氣候風險類型

風險類型	氣候相關風險	潛在財務影響
過渡性風險	**政策和法規：** 為了降低氣候變遷的影響而制定的新興法規或源自於氣候相關的訴訟風險。	加拿大於 2018 年會推出碳價制定的方案，對眾多產業來說，這代表了成本的提高，包含汽車產業、製造業、煤礦業和石油天然氣產業，另一方面，對於碳用量較大的產品和服務的需求也會受影響，進而減少該產業的收入。
	科技： 新的科技發展著重於低碳使用的可能性，同時也為企業帶來適應新科技的風險。	商業模式的創新和技術的革新，例如，再生能源或是電動汽車的使用，進而影響及改變與其相關產業的營運模式，有可能是降低電生產的成本，或是增加研究發展支出以跟上同業科技水準的腳步。
	市場： 市場上供給和需求因為加入氣候變遷的因子而有了轉變，企業面臨重新評估市場供給與需求的風險。	隨著再生能源的成本下降，更多需求應運而生，於 2015 年，再生能源占了能源安裝容量的 54%，首次超越了石化燃料。
	企業聲譽： 客戶愈趨重視氣候變遷所帶來的影響，企業若無法達到客戶的標準，則會面臨聲譽敗壞和客戶流失的風險。	經觀察，全球 50 兆來自投資者的資金，經由各種承諾，陸續減少石化產業的投資比重，這可能降低石化相關公司的募資能力。
物理性風險	**急性的：**天災影響愈趨嚴重的風險。 **緩慢的：**長期氣候模式改變的風險。	英國大型連鎖超商發現其 95% 的供應鏈容易受到氣候變遷帶來的天災影響，影響範圍達約 3 億 6 千萬英鎊的商品價值。

資料來源：Recommendations of the Task Force on Climate-related Financial Disclosures, 資誠編譯

但危機常常就是轉機，有風險通常就有機會！《建議書》把氣候變遷機會分為五大類型。關於這這五類機會以及潛在的財務影響，舉例說明如下：

表 4-2　五大氣候變遷機會

機會類型	氣候相關機會	潛在財務影響
資源利用效率	• 節能運輸與生產 • 循環經濟發展 • 綠建築 • 水資源的回收再利用	• 降低營運成本 • 提高產能 • 提高建築空間能源利用率
再生能源開發	• 綠能或是再生能源的開發 • 新科技的發明 • 碳交易新興市場 • 分散式能源系統的開發	• 降低營運成本 • 降低受能源價格上升的影響 • 降低溫室氣體排放管制曝險 • 提升企業聲譽並增加產品的需求
創新產品與服務	• 低碳產品的研究與發展 • 市場需求變化 • 氣候變遷及保險產品的開發	• 開創多種收入來源 • 貼近市場需求，增加市場競爭力 • 增加產品類別與收入
市場	• 新興市場夥伴關係 • 市場供給與需求變化 • 融資管道	• 與公部門和投資方的合作 • 對新產品／服務的需求增加 • 產品多樣性增加（綠色金融產品、綠建築等）
營運彈性	• 參與再生能源發展計畫 • 資源替代方案增加	• 維持營運彈性的相關工具（例如：氣候保險商品）需求的增加

資料來源：Recommendations of the Task Force on Climate-related Financial Disclosures,
資誠編譯

TCFD 氣候風險揭露的四大核心要素

根據 TCFD《建議書》內容，企業應於治理（Governance）、策略（Strategy）、風險管理（Risk Management）及指標與目標（Metrics & Targets）四大面向揭露氣候風險及其相關的財務揭露，此四大要素亦為風險管理專家所熟知的風險報導架構，如下圖。

圖 4-2《氣候相關財務揭露建議書》四大核心管理要素

資料來源：Task Force on Climate-related Financial Disclosures June 2017 Overview of Recommendations。

一、治理（Governance）

揭露組織針對氣候相關風險和機會的治理和監督機制，例如向董事會下的審計委員會報告氣候相關風險和機會的方式和頻率？董事會成員在覆核公司年度表現、策略和財務計畫時，有無考慮氣候相關風險和機會？審計委員會對監督企業氣候相關的財務影響揭露是否等同於其他財務揭露？

二、策略（Strategy）

對於辨識出的氣候風險與機會，量化其對企業帶來的影響力及因應的策略，例如顧客因氣候變遷對企業產品需求的變化如何影響企業的損益表及資產負債表？更重要的，是企業需要執行「情境

分析」（Scenario Analysis），辨識出造成某項目標結果的關鍵因子，進而計算在不同關鍵因子形塑的情境下，氣候變遷對企業的財務影響為何？《氣候相關財務揭露建議書》要求至少要以符合《巴黎協議》的情境，也就是全球暖化如果能控制在 2℃ 以下的情境進行分析。

三、風險管理（Risk Management）

揭露組織如何辨識、評估和管理氣候相關風險，以及是否有將氣候相關風險整合進組織的現有風險管理的機制裡。

四、指標與目標（Metrics & Targets）

揭露用來評估和管理氣候相關風險和機會的指標和目標設定。 其中，範疇一、範疇二和範疇三（如果適用）的溫室氣體排放量被視為必要揭露指標，這是因為溫室氣體的排放仍被視為影響地球暖化的重要因子；排放量愈大的組織也相對地承受較大的過渡性風險。

《氣候相關財務揭露建議書》指出資訊揭露之四大核心要素，「治理」與「風險管理」之揭露無須考慮其重大性，企業皆應於公司主流之財務報告中揭露其治理監督機制與評估風險管理之作法，以做為未來金融市場投資、借款或保險商品開發及決策之參考，若未揭露相關資訊，則可能讓利害關係人於投資決策時卻步；而「策略」（Strategy）及「指標與目標」（Metrics and Targets）則可透過重大性評估，由企業自行決定揭露與否。

即使資訊被認定為不重大且未包含在財務報告中，《建議書》仍鼓勵年收入超過 10 億的非金融組織（包含能源、運輸、材料與建

築、農業／食品與森林四大類），於其他公司官方報告中揭露與
「策略」及「指標與目標」相關之訊息，讓利害關係人瞭解氣候
變遷對企業短中長期之正面與負面的財務影響。

TCFD 氣候風險的情境分析

《氣候相關財務揭露建議書》對氣候變遷資訊議題的重大變革在
於，從過去著重歷史氣候風險的永續資訊，轉變成對未來氣候風
險的財務影響；從著重企業對氣候變遷的影響，轉變為透過物理
性及過渡性氣候風險評估對企業的影響；從自願於永續報告書中
揭露，到要求揭露於財務報告書中。

表 4-3 氣候變遷資訊揭露的變革

	過去企業揭露氣候變遷資訊	《氣候相關財務揭露建議書》
資訊內容重點	歷史氣候風險的永續資訊	對未來氣候風險的財務影響
影響評估項目	企業對氣候變遷的影響	透過物理性及過渡性氣候風險評估對企業的影響
資訊揭露要求	自願於永續報告書中揭露	要求揭露於財務報告書中

資誠彙整

《建議書》將氣候變遷風險分為物理性風險及過渡性風險兩類。
「物理性情境」是指歸因於氣候變化的物理影響模式，此情境呈
現大氣層中溫室氣體濃度對地球氣候變遷影響（如洪水、旱災、
海平面上升、海水酸化、熱浪等）的模擬假設。「過渡性情境」為
限制暖化的情境路徑，此情境乃透過發展氣候政策和氣候友善型
技術來限制溫室氣體排放的合理假設。此外，《建議書》亦建議使
用一些情境分析工具來模擬，以讓企業了解能源供應和溫室氣體

排放的政策與技術如何與經濟活動、能源消耗和國內生產總值等其他關鍵因素相互作用。

舉例來說，以 World Resources Institute（WRI）的 AQUEDUCT[1] 來模擬台南市未來的水資源風險情形，由模擬結果顯示「總體水資源」風險為「中高級」（medium to high risk（2~3）），其中，以「水災」發生之風險等級為「高」，「乾旱」及「年降雨量變化」之風險為「低」，可見位於台南市之企業應優先採取防洪措施，如建立防洪計畫、設置作業標準、安裝擋水閘門、執行防災演練等，以避免氣候變遷造成之暴雨影響廠區生產。

以樂觀角度來說，若能有效控制升溫在 2℃ 以下，則企業可透過安裝擋水、防水設備來防災，此對企業的財務影響最低；若維持現階段的商業模式，未積極減排，則可能導致淹水超過警戒範圍而造成機械設備損壞、原物料／成品泡水等。此狀況下，企業將面臨重大的財務損失；若以悲觀角度假設，若淹水情況嚴峻，則可能面臨生產中斷、廠區被迫搬遷等問題，嚴重影響公司營運。

未充分揭露氣候財務風險　可能面臨訴訟危機！

全球第一起企業未充分揭露氣候財務風險的訴訟案例，出現在澳洲聯邦銀行（Commonwealth Bank of Australia, CBA）。2017 年 8 月 8 日當天媒體以顯著標題報導澳洲聯邦銀行的兩名股東，以 CBA 未充分揭露氣候變化風險導致的潛在財務風險為由，向聯邦法庭提起訴訟。氣候變遷就是財務風險，資訊揭露就是企業的責任。

1　World Resources Institute（WRI）, Aqueduct: Measuring and Mapping Water Risk, 2016.

在受到外界高度關注下，澳洲聯邦銀行隨即發表聲明表示，董事會已意識到氣候變遷對銀行營運有重大影響，承諾將會在最新發表的年報中揭露該公司在不同氣候變遷情境下所面臨的營運風險分析。同時，澳洲聯邦銀行具體以兩項行動回應氣候財務風險議題，包括：要求企業放款對象減碳，並配合澳洲聯邦銀行將在2050年達到零碳經濟的承諾；其二，拒絕放款給可能造成環境負面衝擊的煤碳開採專案。

有了企業的公開承諾與具體的行動，兩名股東亦在同年9月撤告。此一事件發生後，澳洲聯邦銀行更編製了全球TCFD的標竿報告，詳細鑑別氣候變遷如何影響不同產業、鑑別關鍵風險並加以量化、擬定因應策略。

從此一事件可以預期，TCFD發布的《氣候相關財務揭露建議書》將漸漸透過各國法規，或透過金融市場的期待（及壓力），成為氣候財務風險揭露的具體要求！企業財會部門在這過程中扮演非常重要的角色。

國際主要永續評比機構 都納入TCFD項目

資誠觀察，國際上對於企業揭露氣候財務相關風險的聲浪日益高漲，國際主要永續評比機構都將TCFD納入報導、評比問卷架構中。GRI早在2016年就將氣候風險機會揭露納入報導架構中；2017年富時社會責任指數（FTSE4Good）、S&P Global陸續將TCFD納入評分項分；2018年道瓊永續指數、碳揭露專案（CDP）亦陸續將TCFD納入報導、評分內容中；聯合國責任投資原則（PRI）更以實際行動將TCFD的要求整合進自願性揭露項目中。至2018年9月全球支持TCFD企業已超過513個組織，其

中又以金融業者居多，可見投資者、融資者、保險業者都高度關注氣候變遷風險對企業的營運衝擊。

證交所規定國內強制編制 CSR 報告書的上市櫃企業必須自 2019 年元旦起適用 GRI 準則，其中 GRI 準則 201 經濟績效面向已明確要求將氣候變遷所產生的財務影響及其風險與機會進行揭露。從國際到臺灣，氣候變遷相關財務揭露都已成為永續決策的新趨勢。

雖然 TCFD 尚未明確規範揭露形式，但國內已有標竿企業開始進行報導。2017 年獲得全球知名碳揭露專案（CDP）領導級肯定的台達電子和日月光，皆率先在 2017 年的企業社會責任報告書中依照 TCFD 架構進行氣候變遷資訊揭露，鑑別出重大氣候變遷風險和機會點。而國內簽署支持 TCFD 的企業亦有國泰金控、玉山金控、新光金控、南山人壽、華航、高齊能源、台達電、光寶等八家企業。

圖 4-3 企業導入 TCFD 對外展現承諾與責任

資誠彙整

雖然氣候風險或機會所造成財務影響的評估與揭露至關重大，但要如何落實執行以協助企業高層管理風險掌握機會，資誠建議企業必須考量幾項關鍵因素：

一、是否針對氣候變遷議題設置適當的公司治理與策略的組織？

如同企業過往針對其辨識出來的風險和機會的管理，企業也應該對氣候變遷相關的風險和機會設置相對應的單位與流程進行管理。對大多數的企業來說，氣候相關的風險和機會與其策略、財務、營運風險和報導揭露都息息相關，因此，針對氣候變遷議題設置正確的公司治理與策略組織，對大多數企業而言，不論是實體組織或是虛擬組織，是必要的避免風險又能創造價值的行動。

二、是否結合企業原有的 ERM，並由企業高階管理階層投入擬定因應氣候相關風險帶來的風險及機會之營運決策？

大多數企業現行已有一套企業風險管理（Enterprise Risk Management, ERM），TCFD 期待企業能將氣候風險評估與其現行 ERM 結合，以利落實整體風險評估，擬定出考量氣候風險與機會的營運決策。隨著不同的情境分析以及相對應的因應策略假設，會產生不同的財務衝擊，要掌握什麼樣的機會？要擬定什麼樣的策略？評估出的財務衝擊是否超過可接受範圍？因應策略是否應該調整？這些都需要高階管理階層的支持與投入才能順利進行，也才能擬定出最佳策略。

三、是否建置氣候相關風險資訊之蒐集流程，能一致允當地評估氣候風險財務影響？

各界對於企業資訊揭露的期待已經漸漸的由揭露「企業活動對氣候變遷的影響」，擴大為再揭露「氣候變遷對企業造成的

財務影響」。現在，有了 TCFD 提出的《建議書》，投資人、主管機關或其他利害關係人有可能將開始要求企業依《建議書》揭露，這意謂氣候相關風險財務量化資訊也需要和一般財務資訊一樣經過嚴格的管理程序，避免暴露於揭露不實的風險中。

四、是否有完善的資料及作業系統，來因應管理階層決策所需資訊及揭露要求？

氣候相關風險及機會的管理及報導須仰賴完善的資料及作業系統，企業管理階層需要進一步思考相關數據是如何收集？如何被分析？以及這些數據如何被輸入系統及處理？以協助企業擬定最終決策。雖然最快的方式是直接在現有的系統及流程上額外增加數據收集與分析步驟，但是長遠來說，若能將與氣候相關風險及機會的數據收集、分析、與系統和現有機制整合，勢必能夠進一步簡化流程和降低成本。

五、是否辨識氣候風險及機會的相關部門均投入合作執行此專案？

在 TCFD 的建議下，除了公司治理與策略組織以及企業高層的投入外，完整的評估氣候相關風險及機會的財務影響可能涉及永續、風管、研發、廠務、採購、業務、財會以及投資人關係等部門，在不同的階段有不同程度的投入。例如財會部門，《建議書》裡清楚地描述未來企業的資產負債表及損益表需要考量與揭露氣候相關風險的財務影響，例如因應能源的短缺所造就的新產品（如：LED 燈、電動車）如何影響企業現在與未來的收入；又例如因為能源短缺，導致某些高耗能資產的耐用年限可能會縮短，增加判斷資產減損需考量的因

子,也會影響企業資產負債表上資產的價值,這些都需要財
會人員的參與。而量化出來的財務影響要如何與主管機關與
投資人及其他利害關係人溝通?是否可能重大影響股東權益
或證券價格?是否可能洩漏公司營運機密資訊?也會需要財
會人員及投資人關係部門的協助。

沒有任何國家、任何企業可以置身於氣候變遷風險之外。資誠相
信只有將氣候變遷的風險與機會,透過財務影響的評估與揭露,
納入營運決策,不僅辨識風險管理風險,也進一步辨識機會把握
機會,才是在這個氣候變遷帶領低碳經濟的時代裡,能讓企業順
利轉型並永續經營的最佳策略!

圖 4-4 對抗氣候變遷對企業的意義

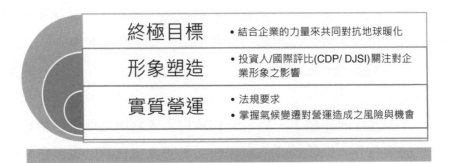

資誠彙整

第二節 企業減碳的必修課－建立科學基礎的減碳目標（SBT）

2015 年巴黎峰會超過 190 個國家達成協議，承諾控制全球暖化在 2℃ 內，根據 IPCC 最新的第五次氣候變遷評估報告[2]，若要達到此承諾，2050 年相較 2010 年至少要減量 49%-72% 的碳排放，這代表世界即將加速轉型為低碳經濟。許多企業已認知此為不可逆轉的趨勢，紛紛善用自身商業核心能力響應並扮演領頭羊的角色。但是要讓所取採的行動真正發揮作用，不僅是政府的責任，企業也需要設定具有野心且有科學基礎的減碳目標。

SBT 的發起與背景

著名的碳揭露專案組織（Carbon Disclosure Project, CDP）為加大力度號召企業響應全球減碳行動，2015 年發起「Commit to Action」活動，「承諾採行以科學為基礎的溫室氣體排放減量目標」為 11 項[3]倡議中的其中 1 項，目的為呼籲企業所採取溫室氣體減量的目標要與阻止全球升溫與工業化前相比低於攝氏 2℃ 的脫（去）碳需求的目標一致，稱之為「具科學基礎的目標」（Science-based Target, SBT）。隨後，CDP 與聯合國盟約組織（United Nations Global Compact, UNGC）、世界資源研究所（World Resource Institute, WRI）與世界自然基金會（World Wildlife Fund,WWF）等非營利機構共同創立 SBTi（SBT initiative），其任務為協助制訂適用各產業的 SBT 建立工具、指

2　IPCC（Intergovernmental Panel on Climate Change）Fifth Assessment Report，2013。

3　2015 年原為 9 項倡議，現已擴大至 11 項。

引、並提供審查服務與技術支援，該組織期望在 2018 年能促使
SBT 成為企業標準化的行動，以彌補各國政府於巴黎協議時承諾
減量的缺口。

圖 4-5　Commit to Action 之 11 項倡議

承諾採用以科學基礎的溫室氣體排放減量目標	承諾幫助世界最永續燃料市場成長	承諾減少短期氣候污染物排放	承諾2020年前從供應鏈中移除所有因商品需求而導致的毀林
承諾制定碳價	承諾於主流報告中揭露氣候變遷資訊	承諾加入低碳技術夥伴倡議	承諾改善能源生產力
承諾承擔責任參與氣候政策的議合	承諾100%使用來自再生能源之電力	承諾改善水安全	

資料來源：CDP Commit to action: https://www.cdp.net/commit；資誠編譯

為何企業要發展 SBT

全球邁向低碳經濟已是進行式，不論是哪個產業或處於價值鏈的
哪個位階，都需為 2℃ 保命線做出努力，在此過程中，建立 SBT
可確保自身對環境有具體的貢獻外，並可為企業帶來以下效益，
以因應所衍生出的風險與機會：

● 驅動創新：設定具企圖心的目標可領導未來創新與轉型。

● 提升競爭力：明確減量目標可加速溫室氣體減量作為，進而
減少能源成本支出。

● 領先同業建立商譽：透明揭露與承諾排放目標符合利害關係
人期待，並於 CDP 取得領導（Leadership）地位。

● 對新政策預做準備降低風險：各國於巴黎協議後已承諾減量目標，未來對企業應該會有相對應的管制措施。

已經建立 SBT 的企業主均抱持正面樂觀看法，並支持此倡議，例如：

P&G 全球永續最高主管 Jack McAneny 表示：「我們確定了 SBT，認為它對環境有好處，對我們的業務有好處。節能與可再生能源增加不僅可以使排放減量，而且不僅可以降低成本，並可創造有助於我們品牌贏得消費者之創新解決方案。使用可再生能源和提高能源效率來減少溫室氣體排放是一個清楚的營運發展方向。例如過去四年來，我們已經採取的能源效率行動，有助於減少溫室氣體排放，已幫助我們節省了 5 億美元，而且還有更多的節約。」

IKEA 永續長 Steve Howard 則提出「我們要對人和地球有積極的影響，包括全力以赴應對氣候變化。在減排方面取得了良好的進展，自 2009 年以來投資了 15 億歐元於可再生能源。我們現在正發展 SBT，讓我們能夠追蹤建立一個低碳，更佳的商業發展機會。」

國際企業積極參與 SBT 浪潮

根據 SBTi 統計，至 2018 年 6 月底止，全球已有 421 家公司承諾提出 SBT，總市值超過一個美國那斯達克證券交易所，而其每年所排放的溫室氣體量達 750 百萬公噸，相當於 158 萬小客車每年排放量[4]。

---

4 SBTi 官網統計：https://sciencebasedtargets.org/

從 2015 年倡議開始，企業承諾 SBT 平均每周以 2 家幅度成長，各行業知名公司 Nike、Levis、Dell、Walmart、Tesco、AMD、Toyota、Sony、HSBC、Nestlé、Unilever 等皆已參與。以區域分布分析，歐洲地區之企業為最多，共計 193 家，占比為 46%；而在產業別的部分，則以食品及飲料加工、銀行、多元金融服務與保險、不動產等三個產業最為積極，共計有 87 家公司參與，占比超過 2 成。

圖 4-6 承諾建立 SBT 公司之區域分布

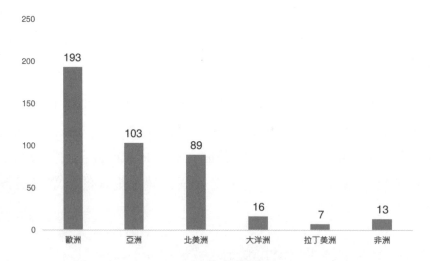

資料來源：SBTi 官網，統計至 2018/6/30；資誠繪製

圖 4-7 承諾建立 SBT 公司之前 12 大產業分布

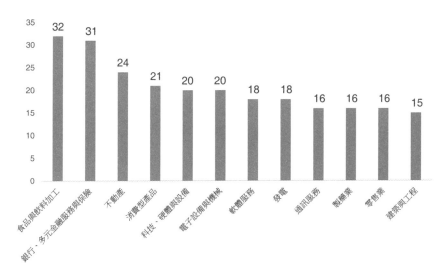

資料來源：SBTi 官網，統計至 2018/6/30；資誠繪製

至 2018 年 6 月底止，已有 113 家公司已完成 SBT 建立且通過 SBTi 審核，大多數公司所設目標為絕對減量，也包括價值鏈（範疇三）的間接排放減量目標，原因是，企業若要符合科學原則，所建 SBT 需符合 SBTi 所開發之方法學的要求，且其目標須能明確對全球控溫在 2℃內做出貢獻。值得留意的是，範疇三的排放類別包括 15 類 5，不同產業之企業會依據其價值鏈特性，針對重大排放類別設定目標，例如，電子產業會提出產品使用階段之能源效率目標；而零售業則會將上下游運輸配送納入考量。

5　依據 GHG protocol scope3 定義，範疇三共計有 15 類別，分別為採購商品及服務、資本財、燃量與能源、上游運輸配送、營運廢棄物、商務旅行、員工通勤、上游租賃資產、下游運輸配送、銷售產品加工、銷售產品使用、銷售產品終端處理、下游租賃資產、加盟、投資等。

表 4-4 標竿企業制定 SBT 情形

企業	基準年	目標年	減量目標	絕對減量	強度減量
Dell	2010	2020	S1+S2: 50%	V	
	2011	2020	S3 產品組合能源強度：80%		V
Diageo	2007	2020	S1+S2：50% S3（產品供應鏈）：30%	V	
General Mills	2010	2025	整個價值鏈（S1+S2+S3）：28%	V	
PepsiCo	2015	2030	S1+S2+S3：20%	V	
Pfizer	2012	2020	S1+S2：20%	V	
	2000	2050	S1+S2：60%~80%	V	
	–	2020	S3：要求 100% 關鍵供應商管理環境影響力，90% 關鍵供應商制定溫室氣體排放目標	V	
Ricoh	2015	2030	S1+S2：30%	V	
	–	2050	S1+S2：達到淨零排放	V	
	2010	2030	S3（採購產品與服務、運輸與產品類別）：15%	V	
WalMart	2015	2025	S1+S2：18%	V	
	2015	2030	S3（上游與下游排放）：減少 10 億公噸碳排放	V	
Tesco	2015	2025	S1+S2：60%	V	
	2015	2030	S3 採購產品與服務、燃料與能源相關活動、上游運輸 / 配送、營運廢棄物類別）:17%	V	

註：S1, S2, S3 分別代表 GHG protocol 所定義之溫室氣體範疇一、二、三排放
資料來源：SBTi 官網；資誠摘要繪製

發展 SBT 四部曲

SBTi 已完整訂定企業提出 SBT 的流程，可分為四個步驟如下圖：

圖 4-8　SBT 發展四部曲

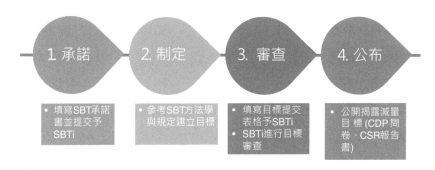

資料來源：SBTi 官網；資誠繪製

各階段重點執行工作說明如下：

【第一階段：承諾】

企業可於 SBTi 官網上下載承諾書（Commitment letter），填妥相關公司基本資料後，提交給 SBTi，公司就正式宣告承諾未來規劃建立 SBT，而公司的名字也會於 SBTi 平台上被揭露。

【第二階段：制定】

提交承諾書後，企業須於 24 個月內發展 SBT，過程中應參考 SBTi 所公告的「科學基礎目標設定手冊」建立，手冊中提供企業可依循的評估方法學，並說明其科學根據、之間差異、該評估的內容，以及可獲取的資源等資訊。

在所認可方法學的使用上，SBTi 特別建議企業使用產業別脫碳評估法（Sectoral Decarbonization Approach, SDA）進行評估，SBTi

已計畫分別建立各產業適用之 SDA 指引，以提供同產業有一致規範可遵循，目前正發展中的有包括服飾業、化學與石化、運輸、金融與油氣等產業。

【第三階段：審查】

公司內部建立完 SBT 後，可進一步填妥 SBTi 審查表格（submission form）並提交，始進入到審查程序。填寫過程中可參照所公告的 SBTi criteria 文件評估是否符合要求。審查程序為保持彈性，有正式（official）與非正式（unofficial）兩種審查模式供企業選擇，其主要差異說明如下表：

表 4-5 正式（ official ）與非正式（ unofficial ）審查比較 [6]

項目	正式（ official ）	非正式（ unofficial ）
適用對象	任何公司	任何公司 所制定之 SBT 還未經高層批准，可先採取此方法確認是否符合要求。
評估範疇	需完整提出各溫室氣體範疇之目標 [7] 才可進行審查。	可針對部分溫室氣體範疇（ 如 scope3 ）之目標進行審查。
意見回饋	可取得詳細的回饋意見，若審查通過企業會收到最後核定目標結果。	可取得詳細的回饋意見，但不會收到核定目標結果。
對外溝通	需對外公告審查通過之目標	獲得結果不須對外揭露

資料來源：資誠彙整

---

[6]　SBTi Call to Action Guidelines（version1.1），2017

[7]　依據 SBTi Criteria，所定目標需涵蓋範疇一與範疇二排放，若範疇三占所有範疇排放量之 40%，則需訂定範疇三減量目標。

【第四階段：公布】

所提交 SBT 若通過正式（official）審查，企業會被要求應於正式的報告（如 CSR 報告）中對外揭露目標，而公司也會被列於 SBTi 平台上。

碳交易即將來臨　臺灣僅一成企業意識到相關衝擊

根據世界經濟論壇《2018 年全球風險報告》，極端氣候事件（Extreme weather events）已連續兩年蟬聯全球風險的榜首，可能對全球帶來立即且重大的衝擊。同時，五個環境類別風險（極端氣候事件、自然災害、氣候變遷減緩與調適失敗、水資源危機、生物多樣性喪失和生態系統崩潰），在未來十年內發生的可能性與衝擊影響均高於平均水準，顯示出環境風險在未來將會日益漸增。

根據資誠、CSRone 永續報告平台與政大商學院信義書院共同出版的《2018 臺灣永續報告現況與趨勢》調查顯示，臺灣 CSR 報告中所列出之風險議題，「氣候變遷風險」位於第五項企業最關注的風險議題，相較於去年提升兩名。在制定氣候變遷政策的部分，有 40% 在 CSR 報告揭露減緩與調適措施，進一步鑑別出氣候變遷風險與機會僅有 27%。值得注意的是，在鑑別氣候變遷的法規風險上，雖然目前仍只有 13% 的臺灣企業意識到碳交易趨勢，相較於去年的 5% 已有相當程度提升。

表 4-6 全球與臺灣關注之風險議題

排名	全球關注風險	臺灣企業關注風險
1	極端氣候事件	財務風險
2	自然災害	營運風險
3	網路攻擊	市場風險
4	數據詐欺或竊取	法規風險
5	氣候變遷減緩與調適失敗	氣候變遷風險
6	大規模非自願移民	資訊安全風險
7	人為自然災害	信用風險
8	恐怖攻擊	匯率風險
9	非法貿易	人力資源／人權風險
10	資產泡沫	環安衛風險
全球關注風險之資料來源：《2018 年全球風險報告》		

資料來源：2018 臺灣永續報告現況與趨勢

《溫室氣體減量及管理法》已於 2015 年 7 月總統令公布施行，設定 2020 年排放量較基準年 2005 年減量 2%、2025 年減 10%、2030 年減 20%，直到 2050 年減到 50% 以下。為了有效達到減量目標，環保署也於 2017 年 11 月提出「溫室氣體減量推動方案（草案）」，將推動溫室氣體抵換專案及效能標準獎勵，建立溫室氣體減量誘因。預計在 2020 年前完成溫室氣體總量管制法規建置，並於 2025 年前啟動總量管制。

全球碳交易市場在過去幾年快速成長，日本（2010 年）、韓國（2015 年）與中國（2017 年）等國家早已實施碳排放交易制度，以排放交易做為減量機制，透過市場機制達到減量目的。對於企業來說，儘早將碳權管理納入經營策略，可獲得減排所能賦予的經

濟效益，不僅是履行企業自身減碳的責任，更是落實永續經營的方式。

排放交易制度也需要金融監理單位的參與，因此金管會也在 2017 年 11 月提出「綠色金融行動方案」，配合環保署對於溫室氣體排放總量管制計畫之規劃，建置溫室氣體排放交易平台系統，訂定排放額度帳戶登錄、交易等子法規。從環保署與金管會所提出的各項方案中，可以觀察出臺灣的排放交易制度勢在必行。

根據《2018 臺灣永續報告現況與趨勢》調查顯示，雖然目前有 71% 的企業在 CSR 報告揭露溫室氣體盤查資訊，不過其中只有 19% 揭露其數據有經過第三方查證。有揭露碳足跡盤查的比例僅有 19%，有經過外部查證的比例只有 9%。此外，根據公開資訊觀測站的「溫室氣體排放及減量資訊」，在 2016 年有 179 家上市櫃企業上傳對於溫室氣體排放之影響衝擊、以及管理策略、方法與目標等資訊，其數量占整體上市櫃的 11%。

圖 4-9　溫室氣體盤查

圖 4-10　碳足跡

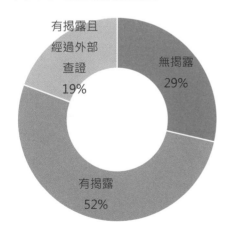

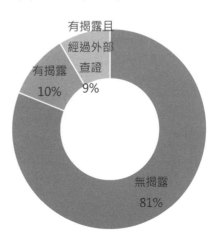

資料來源：2018 臺灣永續報告現況與趨勢

環保署已於 2015 年 9 月公告「第一批應盤查登錄溫室氣體排放量之排放源」，以發電業、鋼鐵業、石油煉製業、水泥業、半導體業、薄膜電晶體液晶顯示器業、以及各行業化石燃料燃燒產生溫室氣體年排放量達 2.5 萬公噸二氧化碳當量的相關業者，執行盤查登錄作業。

面對 2020 年將實施總量管制，《2018 臺灣永續報告現況與趨勢》調查對照環保署所公告之產業類別，篩選出 CSR 資料庫中相關的產業類別（水泥工業、半導體業、光電業、油電燃氣、塑膠工業與鋼鐵工業），透過下表可以觀察到首當其衝的產業，目前在環境目標設定與氣候變遷的因應程度。在短、中、長期目標設定上，塑膠工業有較佳的回應表現，而鋼鐵工業則是回應比例最低的產業。

表 4-7 耗能產業在環境目標設定低

類別	項目	水泥工業	半導體業	光電業	油電燃氣	塑膠工業	鋼鐵工業
樣本數量	已編製 CSR 報告	7	38	25	4	14	16
目標設定	1-2 年短期目標(環境)	29%	39%	48%	50%	79%	6%
	3-5 年中期目標(環境)	29%	32%	12%	25%	50%	6%
	6 年以上長期目標(環境)	14%	13%	4%	25%	29%	6%
氣候變遷	是否揭露氣候變遷政策	43%	53%	36%	50%	64%	44%
	是否鑑別氣候變遷風險與機會	29%	55%	28%	0%	36%	25%
	是否意識到碳交易等議題	14%	24%	32%	25%	14%	38%

資料來源：2018 臺灣永續報告現況與趨勢

根據 CDP 的全球分析顯示，國際企業正在加快氣候行動步伐，有更多領先企業將低碳目標納入長期的業務計畫中。在 CDP 的高影響力公司樣本中，有 89％在 2017 年揭露減排目標，其中超過三分之二 (68％) 的公司將目標設定至 2020 年，20％則是設定至 2030 年以後，以上數據相較於前一年皆有所提升。

此外，在 CDP 的公司樣本中，承諾實施科學基礎減量目標 (SBT) 的公司數量相較 2016 年增加 61％。在 2017 年有 51 家公司 (占整體樣本 14％，而去年為 9％) 正在設定或承諾設定減碳目標，以達到全球溫度低於 2 ℃的低碳水平。另外有 30％ (317 家公司) 將於兩年內設定科學基礎減量目標。

> 截止 2018 年 6 月，全球共有 422 家企業承諾擬定 SBT，而臺灣有 8 家企業進行承諾，包括台達電子、台積電、富邦金控、友達光電、台灣大哥大、中國鋼鐵、仁寶電腦、力成科技，占全球提出 SBT 公司的 1.9％，尚還有進步空間。
>
> 其中，台達電子與資誠合作為臺灣第一家通過 SBTi 審核確立其減排目標為 SBT 之企業。

SBT 不只是節能減碳　是加速低碳轉型

資誠觀察國內企業對 SBT 看法大多持較保守的態度，多數仍在觀望未來的發展；部分企業已意識到同業競爭，規劃建立 SBT，但經內部評估後，卻往往擔心目標遙不可及，而望之卻步。分析其原因，多數的企業主仍站在傳統「節約」的思維看待減碳議題，認為現階段「節能」已經做到極限，難以再達成 SBT 目標。

但 SBT 的真實意涵，係希望企業能透過有科學根據的目標，加速低碳營運的轉型，不僅要提高能源效率的使用，也要同時思考再生能源導入的可能性，包括其時機與運用層面，從上述那些已通過審查 SBT 的國際標竿企業深入了解，多數也同時設定了再生能源發展目標。更重要的，SBTi 希望企業能將轉型過程中的商業機會納入考量，例如低耗能產品開發，以尋求整個價值鏈的減量。

資誠歸納幾點建議給臺灣企業參考：

1. 到目前可發現許多國際知名品牌公司都已承諾 SBT，臺灣在全球供應鏈扮演重要的角色，應關注自身客戶 SBT 的發展，由於其承諾的範圍可能包括供應鏈減量管理，因此勢必會對國內的企業造成影響力。

2. SBT 制定過程，內外部溝通尤其重要，對內除要溝通所設定目標外，如何發展出達到此目標的減碳策略藍圖也是重點之一；而對外，應結合自身營運、商業、創新與供應鏈能力來論述目標達成的可能性，以免利害關係人認為公司只是空談，造成不必要的風險。

3. SBT 方法學不斷演進，且評估過程中可能須將全球產業碳排放之未來情境納入考量，因此鼓勵企業能多向外界專家學者討論或諮詢，以發展出切合要求的 SBT。

第三節 企業水資源管理與趨勢

氣候變遷、降雨異常導致都市洪災、水文劇變頻仍，而環境污染也造成生態破壞、潔淨水分布與供應失衡，水資源永續發展早已是各國面臨的重大挑戰。全球只有不到 1.2% 人類可以取得水資

源，根據聯合國預估，到 2030 年全球將有 40% 供水會面臨短缺的狀況，而 2016 年已花費 40 億美元在水資源相關衝擊上，規模是 2015 年的五倍。

世界經濟論壇在 2018 年全球風險報告（Global Risk Report）將「用水危機」列為全球前五大風險之一，聯合國的 17 項永續發展目標中，亦明訂第六項「淨水與衛生」為世界永續重要發展目標之一。根據 PwC 2015 年的全球企業領袖調查（18th CEO Global Survey）結果指出，2050 年全球水資源將面對緊缺的狀況，多家企業 CEO 更認為這些高缺水區域對他們的企業組織成長是最重要的。

節水三法　推動水資源積極管理

臺灣雖是海島國家，但人口密度稠密，為因應經濟發展的需要，水資源就成為一種動態的有限資源，近年歷經多次豪大雨，導致水質動輒混濁，民生供水緊張，顯示臺灣也正面臨水資源危機的嚴重考驗。先天的水環境使臺灣一向面對降雨量豐枯懸殊、可留用水量有限等問題，因此水資源利用、防洪治水規劃、民生與工業供水品質提升等，一直是政府相關部門與各自來水機構努力克服的挑戰。2015 年立法院三讀通過「再生水資源發展條例」與「自來水法」，並在 2016 年 5 月完成「水利法修正案」三讀，上述三法一般稱之為「節水三法」，為政府規劃提升全臺用水效率的第一步管理架構。

「再生水資源發展條例」要求在有水源供應短缺之虞的地區，必須使用一定比例的再生水。「自來水法」則要求民生用水更換使

用自來水設備時，應優先使用有節水標章的產品。「水利法」中將會針對用水大戶開徵耗水費，因實施後用水戶營運成本會隨之增加，故相當受到用水戶關注。耗水費開徵目的是在有效管理珍貴的水資源，因此除了增加耗水費的徵收外，更規劃擬定相關減徵獎勵措施，以鼓勵已落實執行節水用水措施者。

對於耗水費開徵影響層面涵蓋各產業，而影響最大的產業別，在工業的部分有電子、石油、紡織、化學材料、造紙、基本金屬及食品等；商業部分則包括休閒服務、住宿服務、宗教及類似組織、零售業、批發業、餐飲業及航空運輸等業別，所屬企業應評估法規所造成的成本壓力，積極導入節水措施，爭取相關減徵獎勵。

圖 4-11　節水三法　推動企業強化水資源管理

再生水資源發展條例	● 賦予廢汙水及流放水回收利用的法律框架。 ● 要求在有水源供應短缺之虞的地區，必須使用一定比例之再生水。 ● 目標民國120年再生水使用提升至每日132萬噸目標。
自來水法	● 將節水行動落實於日常生活中，透過強制使用節水標章之產品，達到國內每人每日用水量降至250公升的目標。
水利法	● 強化水源和用水管理。針對用水大戶開徵耗水費。 ● 對已落實執行節水用水措施者，相關減徵獎勵措施。

資料來源：資誠整理繪製

耗水費開徵與減徵措施規劃

依據「水利法修正案」增訂條文第 84 條之一:「為促使耗用水資源者採取節約用水行動,增訂得對用水人徵收耗水費,但已落實執行節水措施者,得予減徵。」依據現行規劃,半年用水量超過 6,000 度之用水戶,即會被徵收耗水費,而不同級距用水量會有不同徵收費率,詳如下表所示,徵收頻率預計每半年徵收一次。

表 4-8 耗水費徵收費率與級距

用水來源	用水級距 (度 / 每半年)	水源費率 (元 / 度)
自來水	超過 36,000	3.00
	18,000~36,000	2.00
	6000~18,000	1.00
1. 自行引取之地下水 2. 自行引取之地面水 3. 自農田水利會引取之水 4. 其他水源	超過 36,000	1.00
	18,000~36,000	0.67
	6000~18,000	0.33
註 1:1 立方公尺水 =1 度水 註 2:位於地下水管制區者,以視同自來水之費率計之		

資料來源:經濟部水利署;資誠彙整

除了棍棒外,水利署也祭出胡蘿蔔,用水者只要符合減徵條件,最高可減徵 60% 的耗水費,其中包含達到政府要求全廠製程回收率、使用再生水量、通過清潔生產評估、通過國際標準組織(ISO)水足跡盤查、獲得綠色工廠、綠建築標章或服務類環保標章、獲水利署節水績優獎項,已繳交水污費等,都列入減徵條件中,分別享有百分比於 2% 到 20% 不等的減徵費額。

表 4-9 減徵獎勵措施規劃

減徵項目／情境		減徵費額
節水績優		5%
水足跡盤查認證		5%
清潔生產評估		7%
綠色工廠標章		5%
服務類環保標章		5%
達環境影響評估承諾值		5%
綠建築標章	合格級	2%
	銅級	4%
	銀級	6%
	黃金級	8%
	鑽石級	10%
全廠回收率 符合用水計畫產業回收率承諾建議值	達下限，未達（下限＋（上限－下限）*33%）	5%
	達（下限＋（上限－下限）*33%）未達（下限＋（上限－下限）*66%）	10%
	達（下限＋（上限－下限）*66%），未達上限	15%
	達上限以上	20%
再生水使用	系統再生水每月使用量達 1,000 立方公尺以上，占每月總用水量達 30%以上	3%
	系統再生水每月使用量達 5,000 立方公尺以上，占每月總用水量達 30%以上	5%
	系統再生水每月使用量達 5,000 立方公尺以上，占每月總用水量達 60%以上	7%
	系統再生水每月使用量達 1 萬立方公尺以上，占每月總用水量達 60%以上	10%

說明：減徵金額 = 耗水費費額 * 減徵費額百分比；[減徵金額 + 水污費抵減金額] * ≤耗水費費額的 60%

資料來源：經濟部水利署；資誠彙整

圖 4-12 耗水費開徵與減徵措施

對象：	用水量大於1000CMM用戶約8300戶；其中工業用戶約3700戶	

費率： 用水量：自來水、地下水及其他水源之使用總量		減徵獎勵措施
用水戶數 ↓ 多	6000度以上/月	附徵30%（3元）	用水回收率達標
			用水計畫全廠回收率環評標準
	3000~6000度水費/月	附徵20%（2元）	使用一定比率系統再生水
			清潔生產評估認證
			水足跡盤查認證
	1000~3000度水費/月	附徵10%（1元）	綠建築標章、環保旅館標章、工業局綠色工廠、服務類環保標章
			獲頒水利署節水績優

資料來源：經濟部水利署；資誠繪製

【標竿企業案例 1：友達光電】

在友達 2020 水資源發展藍圖中，已規劃「減水、創水、水中和」三大目標。「減水」目標係希望透過製程技術研發及水資源處理設備效能提升，讓生產用水強度減少 30%；「創水」目標則為在台中廠區每日導入 1 萬噸再生水，以響應國家政策也同時提升用水自主性；「水中和」目標為繼龍潭廠區達成「零排放」後，透過提供供應鏈節水技術服務，與供應鏈一同減量，達成用水中和。

友達在 PwC 水資源研討會中曾分享水資源管理藍圖制定經驗，提及當初制定時評估達成目標的把握度只有七成左右，但領導高層的支持占了很重要的關鍵，因此最終還是做出此正確方向決策。以龍潭廠區零排放工程為例，整體耗資近 11 億工程費，對

於領導高層是一個很重大的決策與一筆很大的投資，但最後結果是好的，2016 年在龍潭廠區導入製程零排放減水指標已由 2014 年 0.48 降至 0.4 立方公尺 / 單位生產面積。

友達建議企業承諾目標前，應先評估自身產業的水風險占比，再進而提出長期對策，並做優先順序的取捨。企業水風險管理沒有特效藥，一般都需要至少 3~5 年的工程期，唯有企業及早意識到水資源的風險與機會，並逐步投入資源，才是上上策。

【標竿企業案例 2：中國鋼鐵】

中鋼的營運和水資源有很大的依存度，且早已認知到身為海島國家的臺灣，對氣候變遷的敏感度較高，所面臨到用水風險極高。因此中鋼除了既有節水措施持續導入外，亦透過「開源」來降低營運風險，中鋼額外用水有三個來源：「雨水的使用」、「民生用水再利用」、「海水淡化」，三個來源同時都是缺水的發生機率較低。

以雨水為例，於廠內廣設廠房屋頂雨水收集回收設施，2016 年雨水回收量約達 24.5 萬公噸；在民生用水再利用與海水淡化上，則針對都市污水再生利用，已由內政部營建署、經濟部水利署和工業局極力牽線促成全國首例公共污水處理廠放流水回收再利用——鳳山溪再生水廠，由臨海工業區中鋼公司、中鋼鋁業配合導入再生水做為製程工業用水，預計 2019 年底第二階段完成後，每日可提供中鋼用水 4.4 萬噸。

中鋼認為企業成長可透過兩個方法，一個是「量」，另一個是「質」，從量來看可提高產量；從質來看，水質一旦越高，所生產的品質越高，價值就越高。舉例來說，自來水價格含稅一般約 12 元，再生水則提升到 18 元左右，因為其水質是較高的，儘管再生水較貴，但確可提生產品的品質，提升競爭力。

企業面臨的全球水議題趨勢

2014 年水足跡被納入國際標準，促使 ISO 14046 的誕生，透過量化水相關潛在環境衝擊，如短缺水足跡（water scarcity footprint）和優氧化水足跡（water eutrophication footprint）。此標準提供準則、要求與指引，以 ISO 14040/44 的生命週期評估為依據，從界定目的及範疇、水足跡盤查分析到衝擊評估，到結果闡釋，對產品、程序及組織進行水足跡評估。

根據 CDP 調查報告顯示，超過 1/4 企業曾遭遇水的負面衝擊，超過一半將在未來 6 年內面臨水風險。儘管臺灣在探討「碳」和「水」議題上，後者著墨較少，但從國際各資料均顯示，水資源的影響，其實並不亞於氣候變遷的衝擊。

此外，美國環境責任經濟聯盟（Ceres）也已與 WWF 合作，共同倡議食品品牌業應有效採取水資源管理，包括設定減量目標、與價值鏈合作降低用水量、減少區域缺水風險等。CDP 問卷回覆狀況更顯示企業對水揭露的意願提升，2016 年較 2015 年填寫家數增加 10%。隨著國際標準逐漸完善，國內高耗水產業可搭上全球水透明揭露的潮流，積極評估水足跡衝擊，也降低耗水成本。

圖 4-13 企業面臨水議題之未來趨勢與建議

水風險之影響已加劇，不亞於氣候變遷風險

- 根據CDP調查超過1/4曾遭遇水之負面衝擊，超過一半水風險將在6年內看到。
- 建議國內企業可使用相關免費水風險評估工具，了解全球各據點或供應鏈所面臨之水風險。

水倡議將會越來越多，要求企業做好水資源管理

- 美國環境責任經濟聯盟(Ceres)與WWF合作，已倡議食品品牌業應有效管理水資源，包含設定減量目標、與價值鏈合作降低用水量、減少區域缺水風險等。
- 建議企業應該關注國外品牌客戶對水管理之要求。

透明揭露水資訊時代已來臨

- 2016年CDP問卷回覆家數較2015年多10%，顯示企業更願意揭露用水資訊。
- 隨著國際標準日益完善(如ISO14046)，建議國內高耗水企業應評估水足跡衝擊，除可發掘節水熱點外，也可降低耗水成本。

資料來源：資誠自行整理

PwC 整合式的水資源管理架構

在掌握產品水足跡與訂定水資源管理解決方案的過程中，企業可參考聯合國全球盟約（Global Compact）與 PwC 合作提出的管理水資源的七個方案步驟[8]：

1. 提供並維護工作場所的潔淨用水。

2. 量測與監控直接營運之水資源使用情形。

3. 提高營運用水效率化與降低汙染。

4. 鑑別與了解高度水風險區域。

8　*Corporate Water Disclosure Guidelines Toward a Common Approach to Reporting Water Issues*, The CEO Water Mandate （September 2014）。
http://ceowatermandate.org/disclosure/

5. 整合水資源管理至經營策略中。

6. 辨認價值鏈高耗水熱點與共同推動水資源管理。

7. 推動水資源永續管理與行動方案（水資源共享）。

除了管理的方案步驟外，資誠發現產品的耗水往往是在不同產製階段累積而成，從單一企業層面來管理無法發揮水資源管理的最大效益。因此，資誠也提供企業一個整合式的水資源管理架構[9]（Collaboration framework），這個架構的核心精神在於整合上下游與利害關係人，並結合各方力量組成團隊一起發想策略、擬定架構與制訂方法。而整合性架構是否能夠成功，則有 4 個重要關鍵：

圖 4-14 整合式的水資源管理架構

好的開始：找到對的夥伴、得到政府的支持、有專業的技能及相同的長期願景。	系統運作：組成團隊、利害關係人議合、分配任務、政策與程序及備案。
密切的合作關係：對待夥伴公平與包容、互相尊重、計畫資金來源、共同並定期協商討論、公開透明。	保持熱情：獨立的治理機構、訂定里程碑分享成功經驗、有付出就有收穫及堅強的領導者。

資料來源：資誠自行整理

9　*Collaboration : Preserving water through partnering that works*（2015）。
http://www.pwc.com/gx/en/services/sustainability/publications/preserving-water-through-partnering.html

從價值鏈的角度出發，才能找出真正的水資源消耗熱點與提供解決方案，例如，印度的棉農因為資金問題不願使用新的節水灌溉系統，則可藉由整合品牌公司、紡織工廠、金融機構及國際開發組織等上下游及利害關係人提供棉農節水灌溉的解決方案 [10]。在成功的整合架構下，水資源管理可以以鳥瞰的視野發現價值鏈的水資源問題，再藉由整合上下游價值鏈與利害關係人，將可發揮比單一企業更大的效益。

從國際的倡議再回頭檢視臺灣：沿海地區超抽地下水導致地層下陷、工業廢水流放河川屢見不鮮、河川整治與原有生態間的平衡、工業用水優先農業用水、降雨異常澇旱災頻繁、水庫淤積與使用年限縮短等危機，已經不是預警而是你我身邊的真實故事。

資誠建議企業應積極正視水資源問題，從架構建立、資訊掌握與開展方法等面向開始著手自身的水資源管理系統，並積極納入上下游廠商及利害關係人為夥伴，建立「水同盟」，成為水資源管理努力的夥伴。資誠相信，積極的面對水資源問題將比消極的應對法令環境變更，更能讓企業在水資源匱乏的年代獲得更多的轉機與商機。

10　完整故事請參考 PwC water：http://www.pwc.com/water

第五章

創造永續新經濟

第一節　翻轉經濟與環境的兩難－循環經濟

全球多數的先進國家，過往皆以消耗原物料引導大量消費的方式推升經濟成長，這樣線性的經濟模式讓人類每年耗費大量的資源而不自知。根據 2013 年美國國家科學院的分析，每年全球從地球汲取 700 億噸的資源，但其中卻只有 100 億噸真正被賦予價值，做成產品，進入市場交易。其他部分的資源則或溢散、或丟棄、或閒置。具體來說，人類的產品竟然有高達 80% 沒有再被回收；另據估計每年有 30%～50% 的食物被浪費，相當於 1 到 2 兆美元；又每年消費品在供應鏈生產中損失 2.5 兆美元。

越來越多經濟學家、科學家開始改變思維，重新以「資源」的角度思考社會的經濟模式、商業模式，反而更能提升經濟效益，降低資源消耗。其中又以 2010 年成立的英國艾倫・麥克阿瑟基金會（Ellen MacArthur Foundation）推動最為積極，歐盟亦於 2012年起聚焦此一議題。

2017 年全球共同的發展趨勢即是「循環經濟」，包含幾個重要國家都已提出相關的具體作為，如 2017 年初世界經濟論壇以「循環經濟」做為主題討論；全球將循環經濟列為重要發展方向，其中以歐盟最為積極，不僅提出零廢棄計畫，並在 2016 年 12 月通過「循環經濟套案」；德國也設立「循環經濟和廢棄物處置法」。在亞洲國家部分，日本有「促進循環型社會基本法」、中國大陸亦有「中華人民共和國循環經濟促進法」等，足見越來越多國家不僅重視循環經濟概念，同時將之付諸行動。臺灣在 2017 年推出「5＋2 產業創新政策」，正式納入「循環經濟」為重點產業發展項

目,除了加速開發具循環經濟理念的關鍵新產品,並透過國家級投資吸引更大的投資動能。

資誠認為循環經濟最大的特點在於延長能、資源於商業活動過程中,產生其價值的最大化。而且從三大全球前瞻趨勢中,也看到未來將會更加青睞循環經濟。這三大趨勢包含:消費者行為及意識改變;科技技術到位、共享經濟崛起;環境議題倡議及相關法規約束。因此,循環經濟不僅是解決當前環境與社會問題的解方,更是未來的新商機,企業不可忽視此一議題。

圖 5-1　淘汰線性經濟的驅動力

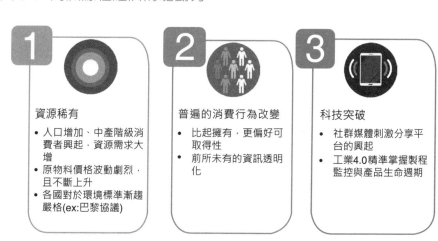

資料來源:資誠自行整理

循環經濟的相關概念

循環經濟與很多概念相關,包含從搖籃到墳墓(cradle to grave)延伸為搖籃到搖籃(cradle to cradle),讓產品的生命週期可以延伸。工業生態學(industrial ecology)、工業共生(industrial symbiosis)、延伸生產者責任制 (extended producer responsibility)、生態化設計 (eco-design)，以及零浪費 (zero waste) 等，凡此種種都是在思考如何將資源使用最佳化，如何減少生產的負面影響力，如何增加產品及系統的價值。

循環經濟除了企業間副產品交換的模式，隨著消費者意識的抬頭，及網路使用的普及，如今的循環經濟構面不僅止於生態園區的模式，亦可以透過仿生學 (生態設計)、績效經濟、再生設計等不同切入途徑以提升資源使用效率，並且創造收益。以下舉例說明幾個重要的延伸概念。

工業生態與共生 (Industrial ecology and symbiosis)

經典的案例如丹麥卡倫堡共生園區 (Kalundborg Symbiosis) 為代表。它是一個結合胰島素工廠、酵素工廠、廢水處理廠、發電廠、煉油廠及石膏板廠等不同廠商構成的工業生態系統，早在 1972 年，園區內的企業開始探尋交換副產品的可能性，Gyproc 水泥合板工廠透過管線由當地的石油公司提供瓦斯，後續市府建立起廢熱氣利用網絡，所使用的便是石油公司的副產品。企業間陸續從原物料、製程等角度鑑別出可交換的副產品，逐步建立了交換熱、蒸氣、石膏、硫酸、生物汙泥等模式，每年可節省 300 萬立方公尺的水，減少 24 萬公噸 CO_2 排放，產出 15 萬公噸的酵母 (可替代 80 萬頭豬所需飼料的大豆蛋白質)，及 15 萬公噸的石膏。同時，政府亦提供法規協助以增加循環經濟的誘因。

仿生學 (Biomimicry)

早在希臘時代即有人模仿鳥類的形體，希望打造一台可以飛的機

器。而後續在汽車外形的流體力學設計船槳的演進參考了生物的結構及行為，雷達的發明也參考了蝙蝠在洞穴中飛行卻不會相撞的機制。荷蘭 Interface 公司是全球最大的方塊地毯製造商，也是全球永續事業與仿生產業的先驅者之一，旗下生產的地毯依仿生學的概念設計，仿照壁虎腳上細毛的分子間作用力，設計出一款不用膠水黏著便可以固定在地板的可拆卸式地毯，讓地毯可以進行模組化清理或替換。

仿生學藉由從自然中學習生物和系統，使設計更有效率，生產或使用方式更低污染。近年來「仿生科技」已成為全球最熱門的科技之一，根據《富士比雜誌》預估，光 2030 年一年的仿生科技產值將會高達 1.6 兆美元，躍升成最受歡迎的新興產業之一。

績效經濟（**Performance Economy**）

是一種商業模式的轉變，更普遍的稱呼為「產品服務化」（Product as a Service）。這是源自 1976 年 Walter Stahel 在研究報告中指出循環經濟的四個主要目標：產品生命延伸、長生命週期產品、維修活動、廢物預防。他特別堅持銷售「服務」的重要性勝於產品，因而稱為「功能服務經濟」，現今更廣泛歸入「績效經濟」。

這樣的商業模式促使企業重新思考如何降低維護成本以增加獲利，將焦點由量的提升改為質的提升，延長產品的耐用年限，導入產品可拆解維修的設計，這不但減少資源的線性浪費，也創造了商業價值，提高顧客忠誠度。最著名的案例就是荷蘭史基浦機場向飛利浦購買「照明服務」而非燈具。這樣的商業模式促使飛利浦提升產品良率，產品生命週期比一般燈具多出 75%。

再生設計（Regenerative design）

舉例來說，巴西最大的有機甘蔗種植者——巴爾博集團係以創新的採收機器，將甘蔗切成碎片並送入料斗，其中相對的空氣將葉子剝落並噴灑回地面上，形成一片覆蓋物，有助於防止雜草叢生以及水分蒸發。每年每公頃有 20 噸以前未使用的有機材料返回土壤，這個新的生產系統較傳統生產高出 20% 的生產率。同時，巴爾博集團更利用甘蔗榨汁後的殘渣發電，提供了 100% 的所需能源。這就是一個「再生設計」的標竿範例，亦即設計一套系統，使其可更新或再生消耗的能源與物質。

循環經濟的創新商業模式

提到循環經濟，或許首先想到的是廢棄物再利用，也因而會聯想到萬一工業廢棄物惡意傾倒在大自然（如農地）那豈不是造成更大的污染？因此當我們提到循環經濟的概念時，將生物循環及工業循環區隔開來是必要的。其最終目的是提高生態效率，同時創造收益。

真正的循環經濟，是資源藉由生物循環再生，也藉由工業循環回復及復原。生物循環的機制藉由生物流程再生雜亂的材料，該機制可以透過大自然的力量自然發生，不一定需要人力介入。而工業循環則需仰賴能源的投入、人類的介入以達成再生的目的。由此可以看出來生物循環及工業循環是很不一樣的兩套迴路。

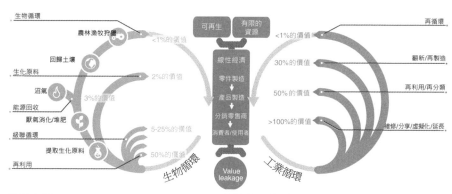

圖 5-2 循環經濟概念圖 循環越小越有價值

資料來源：Allen Macarthur Foundation；資誠整理繪製

根據艾倫‧麥克阿瑟基金會（Allen Macarthur Foundation）研究歸納，循環經濟有三個行動原則，分別指出產業界面臨循環經濟轉型時的三個資源及系統的挑戰。

第一個原則是保存及提升自然資本以減少有限資源的使用，並達成再生資源流的平衡。減少物質的使用是首要任務，盡可能地以無形體的方式發揮效用。若需要使用資源，盡可能地選擇使用可再生或性能較佳的材料或技術。循環經濟鼓勵系統裡的資源流動並創造可再生的條件。

第二個原則為促成工業圈及生物圈的資源使用效率及產出最佳化，包含產品、元件、材料於所有時間點的最高效率使用。這指的是藉由再製造、維修，以及回收等方式讓元件及材料重複發揮價值以產生經濟效益。循環經濟盡可能地建立更緊密及封閉的迴圈，使更多能資源的價值被保存，產品生命週期更長，以及使用效果最大化。分享也是這個原則的一種達成方式，因為分享可以增加產品的使用率。循環系統同時也讓生命終期的生質材料使用最佳化，提煉有價值的生質化學原料降階為各式各樣的用途。

第三個原則為量化及藉設計排除負面外部性以鼓勵系統有效性。這包含減少對人類社會的損害，如食物、居住、教育、健康、娛樂等構面，並管理外部性，如土地使用、水、噪音污染、有害物質排放，以及氣候變遷等。

循環經濟的五項商業模式：

1. 循環供應 (Circular Supplies) ex: BASF, Dell⋯
2. 資源回復 (Resource Recovery) ex: 盈創回收, DSM⋯
3. 延長產品壽命 (Product Life Extension) ex: RENAULT, Desko⋯
4. 共享平台 (Sharing Platforms) ex: Tata steel, Uber, U-bike, Peerby⋯
5. 產品即服務 (Product as a service) ex: Philips, Bundles⋯

圖 5-3 轉型至循環經濟企業可採行的行動

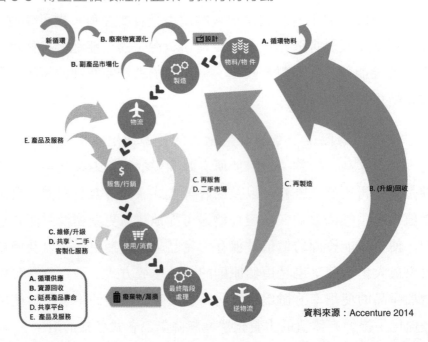

資料來源：Accenture 2014

如前面章節所述，各產業的國際標竿企業如 Apple、Google、飛利浦、聯合利華、IKEA 等也都加入 CE100（Circular Economy 100）聯盟，承諾朝向循環商業模式。國內企業若要轉型循環經濟商業模式，乃可參考幾項重要的策略工具，包含 PwC 提供的全面衝擊評估（TIMM）、組織轉型循環經濟指南 BS 8001、永續採購指南等。

循環經濟不僅僅是回收可用資源的環保效益，許多企業更已經充分運用循環經濟的精神重塑其產品或價值鏈，以達到各方面綜效。循環經濟帶來的效益可分為幾個方面，如創造更高收益、達到產品再創新、降低成本、吸引人才、提高客戶黏著度、品牌差異化、策略目標整合、調適商業模式及遠離營運風險等，以下將介紹幾個國內外案例來闡釋這些效益。

【案例 1：福壽實業　循環農業的佼佼者】

福壽身為國內主要油脂、農業資材及飼料之製造業者，考量營運中為環境帶來的影響，力行循環經濟理念可以減低環境影響力，亦帶來成本效益。管理階層考量企業永續發展時便考量價值鏈的垂直整合，逐步漸進地擴大商業版圖，目前福壽使用培養菇類的廢棄包及飼養的禽畜糞回收再製成有機堆肥，供種植各項農作物使用，並持續擴大農業廢棄物回收再利用。除了自身使用外，福壽更積極配合農委會活化休耕土地政策，提供有機堆肥給農民契作玉米、芝麻、花生、水稻及茶葉，體現循環經濟理念，從前端到最終端整合資源，產品的生命週期的每個環節都做到有效控制，亦提高資源利用率。

福壽導入農業循環經濟理念，將油脂製程產生的副產品－芝麻粕及花生粕製作成有機資材，輔導提供農民種植使用，減少化學肥料的使用並且提升農作物品質。加上鼓勵農民栽種國產穀物雜糧，並與福壽簽訂契約合作，確保農民利益的同時，同時透過肥料資材使用進一步嚴格把關原料品質，以生產品質優良的純正芝麻油與花生油。

福壽不斷落實循環經濟理念，2016 年總共回收菇類廢棄包 9,398 噸、生蔗渣 2,332 噸及禽畜糞 230 噸，製成有機堆肥成品 5,158 噸銷售。於水稻方面，在田中地區契作水稻，使用公司堆肥產品，達農業循環再利用，契作面積達 1.6 公頃，成果卓著。

圖 5-4　福壽實業的產業價值鏈整合

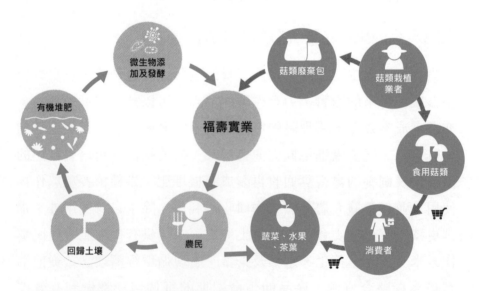

資料來源：福壽 2016 年度企業社會責任報告書

像這樣上游製程中的副產品，變成其他產程中可回收再利用的例子，也應用在英國的新創公司 Toast-Ale 的商業模式中。全世界最頻繁被浪費的食物之一就是麵包，麵包價值低廉且容易生產的本質，不論是家庭或商業上回收價值都不被重視，以致於 44%的麵包都淪為被丟棄的垃圾。Toast-Ale 洞見這其中的商機，不投入太多額外成本，僅透過建立回收機制成功打造新商機，現在有更多釀酒商願意嘗試 Toast-Ale 的麵包釀酒技術以開發不同風味的新產品。

雖然麵包廚餘不是高經濟價值的物品，但是從廢麵包轉換啤酒的經濟效益轉換率卻相對可觀，Toast-Ale 的創業團隊秉持取之於斯、用之於斯的理念，把利潤再投入其創立的非營利組織 Feedback，其成立宗旨在喚起社會大眾對剩食的關注，並進一步提供丟棄及抱怨外更好的解決方式。

【案例 2：春池玻璃 升級回收 創造價值】

春池玻璃是一個從事玻璃回收 50 多年的傳統企業，一年回收 10萬噸的玻璃，減少相當於 10 座大安森林公園的排碳量。春池玻璃表示，當循環經濟做到極致，持續升級回收，提高附加價值時，並不會讓人感覺它是回收物。成功的循環模式，不需要刻意向社會去倡議環保議題，商品亦會受到市場青睞，並自然在生產歷程中不斷循環。

事實上，玻璃無法分解與焚化處理，但回收後 100% 可利用且不會降級，因而瑞士洛桑管理學院將「玻璃回收率」列為國家競爭力的指標之一。臺灣在玻璃回收率上排名世界第二，僅次於第一名的瑞典，勝過第三名的日本，以及英國、美國等先進國家。春池玻璃為國內第一大玻璃回收商，除了傳統玻璃回收外，一向被認為材質特殊難以回收處理的 LCD 玻璃，大量應用在電子產品上，春池玻璃研究其特性，將它開發成環保建材，再次創造更高的附加價值。

春池玻璃的第二代自小在玻璃回收堆中成長，深知國內玻璃回收業發展不易，是因為利潤太低。因此，春池玻璃致力於提升玻璃新的經濟價值，才能讓玻璃回收產業得以蓬勃發展。春池以玻璃開發出環保建材、藝術設計獎座、2016 年在威尼斯節能展，春池的節能玻璃屋，更是受到國際矚目。近年更融合許多文化元素，包括米其林主廚江振誠、書法家何景窗進行跨界合作，不斷創造玻璃的新價值。

春池玻璃相信「循環經濟」將是各國來向臺灣取經的競爭優勢策略，而不再是向他國學習的另類技術。「重新設計的力量」遠大於回收的力量，幫助原物料再延伸生命週期。回收只是過渡，如果在一開始的產品設計就將回收思維納入，回收將會是新的起點，不斷創造經濟價值。

【案例 3：雷諾汽車 回收率高達 85% 的汽車產線】

歐洲汽車製造大廠雷諾（Renauld）產品銷售全世界 125 個國家，2016 年度販售逾 300 萬台車。身為領先企業，雷諾很早便認知創造最佳商業模式的策略係集團資源極大化，並同時降低環境的

負面影響力，於是乎導引出三面向的永續經營策略：重新設計及製造引擎零件、再造電池的第二生命及增加原料回收性。這樣的營運策略為雷諾創造了超過 2 億歐元的產值，並回收了高達 3.7 億歐元價值的原物料。

為了達到有效提升原料回收，雷諾首先建立了實驗平台，終極目標在達成完全回收生命週期終端的車輛，並提高回收零件可用性使其效能宛如全新。目前回收的原料包括鐵、銅、織品及塑膠，盡可能循環再利用回收原料。目前實驗平台促成雷諾回收成果達到每一百輛全新製造的車輛中有 36 輛是來自回收材料，且每台車可回收率高達 85%。

雖然歐盟先進的法規給願意投入回收的企業注入強心針[1]，但可以想見回收塑膠原料的過程並不容易，以致原料的供給缺乏可預測性，對計畫生產帶來很大變數。為了確保長期品質及價格穩定的供貨來源，雷諾制定了嚴謹的計畫，包含：

● 循環友善的設計及製造：產品設計團隊必須採納維修團隊的意見及分析來制定產品設計圖，包含材料的選用及裝配製造計畫的擬定，以強化其重新製造及回收性，從源頭便嵌入零廢棄的設計理念。

● 創新的商業模式：提供消費者折扣及保證金計畫以提高回收率，形成「閉路」模式。

1　註：歐盟在 2000 年公告「廢車輛指令」（Directive on End-of-Life Vehicles，簡稱 ELV），規定自 2003 年起，汽車零件或材質應具有再生、再循環等特性。2015 年元旦前，所有廢棄車輛，每一車輛的再使用及再生率不得低於 95%，再使用與再循環率不得低於 85%。

● 產業驅動者：逆轉迴圈，從以往只注重企業內部回收率，現在更積極尋找其他廠商，提高資源回收可能性，以期達到合作共生的模式。

循環經濟很重要的一個概念為跨產業合作，將整體經濟視為一個商業生態系，公司經濟的健全不再考量吞吐量做為單一指標，而是與其他產業的對接及資源的共享。雷諾的原物料回收不只在採購上的價值提升，更是整體產業的提升。未來雷諾計畫要再提高其產品塑料的回收 15% ～ 20%，看中巴西及印度的汽車產量每年高達 75 萬，亦要在兩國拓展其產品回收市場；除產品之外，雷諾也承諾透過智識轉移將蓄積的研究能量回饋到人才的培育，讓永續的因子更活絡。

【案例 4：Turntoo 平台 以租代買的新商業模式】

將實體廢棄物回收再利用、再投入製程變成新產品的原料，是較易被社會所理解的循環方式，但除此之外，循環經濟還能再如何進一步運用？創立 Turntoo 平台的洛‧湯瑪士博士（Dr. Thomas Rau）提供一種新的啟發。

建築師洛‧湯瑪士博士在設計建案時，給予供應商明確的指示，新的建物每年需要多少小時的照明，身為建築師的他只在意建物的性能及足夠的光源，不論供應商提供的商品是檯燈還是電燈。這樣的需求開發了他與飛利浦（Philips）的合作專案「照度計費」制（Pay-per-lux），突破了以往購買燈泡，不亮了、壞了就丟棄的商業行為。飛利浦既保有對產品的主控權，能確保產品使用的方式並提供最佳品質，也能掌控產品終端的回收。飛利浦更進一步的運用精密的計算，將 LED 燈具懸掛在高層樓並結合感應器及自

動控制系統，充分運用日照以減低燈具的使用，延長使用年限。

這樣的革新作法把「使用權」資本化，轉換為公司的資產，將「照度」(lux) 變成可銷售的商品，以量計價。消費者對這樣的方式十分買單，在這樣的模式下，消費者只需要支付所需及實際使用的「服務」，製造商也因此更有動力提供持久的商品。洛·湯瑪士博士運用同樣的使用者付費概念建立 Turntoo 平台，整合可轉換為服務銷售的商品變成一個資源庫，讓製造商、供應商及消費者可以透過平台媒合需求，將資源達到更高的使用效率。法商米其林輪胎也有志一同的採用了這樣的嶄新營運模式，將販賣輪胎轉變成租用里程數的概念，推廣物盡其用，資源不浪費的新消費模式。

【案例 5：愛普生 打造綠色辦公室領導者】

Epson 致力在 2050 年前達成使所有產品和服務生命週期減少 90% CO_2 排放量的目標。因此不斷致力於綠色創新的努力，以循環商品概念加上創新服務，研發出如低碳列印、紙的循環等綠色產品。最具代表性的創新產品是 Paper Lab。

Paper Lab 運用創新科技，將使用過的紙張放入機台中，透過纖維化、特殊素材結合、加壓成形，再生成新紙張。Paper Lab 的設計，除了落實紙的循環，創造一個無紙的製造過程外，更重要的是提供企業資安保護的價值，公司的各項資訊在內部就已經完成回收，減少資訊外流風險。第三個重要價值是「客製化」，紙張的厚度、紙張的顏色都可以符合企業的需求自行設計，生產過程完全不需要用水，讓未來每個辦公企業都能做到小型的綠色循環。

圖 5-5 愛普生的辦公室內自回收循環模式

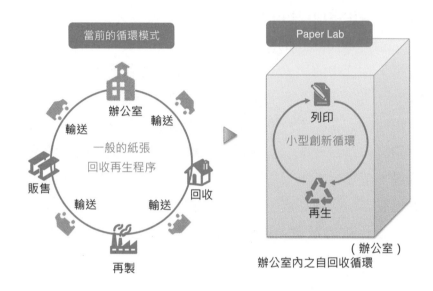

資料來源：【2017 年資誠 CSR 論壇】SDGs 與循環經濟企業挑戰與契機會後報導

實踐循環經濟 五項導入建議

隨著線性經濟過度的發展，全球資源將會越來越稀有，取得成本越來越高。但消費者意識的轉變與科技不斷創新，帶來突破性應用，「循環經濟」不再淪為口號，而是企業未來競爭力的所在。

循環商業模式不僅可以帶來四大效益：刺激創新、減少成本、增加收入、減緩風險。就短期來說，也為企業找尋到新市場，創造與客戶更多互動，提高忠誠度。長期而言，也是企業因應原物料價格高波動、營運風險高漲的一種管理策略，有助於提高營運效率。若臺灣企業不重視此議題，開始思考轉型策略，未來恐怕流失綠色競爭力。

圖 5-6 循環商業模式的四項效益

| 刺激創新 | 減少成本 | 增加收入 | 減緩風險 |

立即的效益
1. 減少顯著的費用和保修風險
2. 能夠出售或租賃二手（二手）產品
3. 新市場和價值主張
4. 增加客戶互動和忠誠度

中期效益
5. 創新的產品設計，為客戶提供附加價值
6. 重新思考商業模式，以保持市場競爭力
7. 加強品牌和公司聲響
8. 增強永續發展影響力

長期效益
9. 緩解趨勢的策略風險
10. 預防高波動的大宗原物料價格
11. 提高運營效率

資料來源：資誠自行整理

WBCSD 曾出版一份 CEO 導入循環經濟的指引，提出六大步驟，包括設立循環願景、選擇循環模式、以團隊方式進行、從小做起，再規模化，最後則是與其他利害關係人或企業「合作」，並且追蹤進度。然而回歸到企業實踐循環經濟的第一步，資誠提供五點建議：

1. 應先盤點循環選項，而後由小到大循序推動。

2. 產品或服務的環境衝擊 80% 決定在設計（Design）階段，因此「源頭設計」就要有循環經濟思維。

3. 「回收」僅是循環經濟的一個手段，透過創新、商業模式、合作（產品／供應鏈）等才是轉型重點，也是潛在機會來源。

4. 推動循環經濟需有跨領域人才，包括法律、環安、會計、生產單位等，故企業建議建立跨部門單位進行推動。

5. 循環經濟轉型不僅要關注獲利上的成長，更應包括對環境與社會的衝擊影響，故建立相對應的量測績效指標同等重要。

第二節 永續發展價值鏈－永續採購管理

企業營運的目標是將一連串的資源轉化為更有用的商品和服務的過程，而將這些服務過程串聯起來就成為企業價值鏈系統（Enterprise Value Chain System），其整個系統在企業從產品設計的研發開始、原物料取得、製造生產、產品配銷、消費者使用以致到廢棄處置，在整個系統過程中，企業供應鏈系統（Enterprise Supply Chain System）扮演了非常重要的支持角色，可以說若沒有供應鏈系統的存在，企業便無法呈現更大的價值。

近代永續發展思維深受政府、企業、消費者及普羅大眾的認同，儼然已成為企業在商業經營道路上必須改善及改變的挑戰。而在過去永續發展實踐過程中，常發現到企業單單倚靠自身的力量來運行是不夠的，並且成長的步調也非常的緩慢；在聯合國永續發展目標中，第 12 項責任消費與生產（Responsible Consumption and Production）及第 17 項建立全球夥伴關係（Partnership for the global）已明確指出，企業須透過與其供應鏈的合作來實現永續發展的承諾，才能創造最大效益與進展。

2017 年，國際標準組織正式發表 ISO 20400 永續採購標準（Sustainable Procurement），將供應鏈管理的思維延伸至採購管理。過去 10 多年來，很多產業早已開始提倡行業行為準則的概念（Code of Conduct），例如電子業公民聯盟（Electronic Industry Citizenship Coalition, EICC）或是永續成衣聯盟（Sustainable Apparel Coalition, SAC）等，雖然盡職調查（due diligent）的管理方式已施行多年，但因供應鏈的環節未被監管，而影響企業形象商譽受損的事件仍層出不窮；歐盟遂於 2006 年將「採購一個我們

想要的未來」（Procuring the Future）導入公共採購系統中，利用採購來支持實現更廣泛的社會，經濟和環境目標，確保達成真正的長期利益。在永續採購國際標準 ISO 20400 發布後，「永續採購」已然也成了企業現今可據以邁入「實現供應鏈經濟、環境與社會永續發展」的新進程。

近期，循環經濟概念已成為實踐環境永續發展的最佳解決方案，其主要概念及目標是將目前企業內可能視為垃圾的廢棄物，透過技術再轉化為資源或再製品，其關鍵的基礎原理即為生命週期管理（Life Cycle Thinking Management）思維，當企業對外宣告其已實施永續採購政策後，將會重新界定採購規範，如變更產品的技術規格（原料、尺寸、重量和顏色等），並協助下游原物料供應商意識到自己的新責任範圍，且提升技術能力及生產效率來滿足客戶要求，一般常見的循環經濟採購策略（Circular Economic

圖 5-7　ISO 20400 永續採購標準主要架構

4. 瞭解永續採購的基礎	5. 永續與組織政策或策略的結合	6. 組織永續的採購作業	7. 永續與採購過程的結合
• 4.1 永續採購的概念 • 4.2 永續採購的原則 • 4.3 永續採購的核心議題 • 4.4 永續採購的驅動因子 • 4.5 永續採購的關鍵考量	• 5.1 承諾永續採購 • 5.2 釐清當責性 • 5.3 調整採購與組織目標 • 5.4 瞭解供應鏈與採購的實踐 • 5.5 執行管理	• 6.1 採購的治理 • 6.2 授權 • 6.3 利害關係人的識別與參與 • 6.4 設定永續採購優先順序 • 6.5 表現衡量與改善 • 6.6 建立申訴機制	• 7.1 既有流程為基礎 • 7.2 規劃 • 7.3 結合永續要求與規範 • 7.4 選擇供應商 • 7.5 合約管理 • 7.6 合約審查與改善

資料來源：ISO 20400 - Sustainable Procurement；資誠彙整編譯

Procurement Strategies），包含提升資源使用效率、使用無毒化學品、延長產品生命週期、使用再生原物料等新技術，而更具遠瞻的企業，甚至進一步導入循環經濟商業模式（Circular Economic Business Model），尋找產業頂尖的策略供應商夥伴一起實現及開發新的獲利模式。在此新浪潮下，資誠建議企業不論是在價值鏈中扮演關鍵的主導者或供應者，都應及早因應，一同邁向永續治理的國際標準新里程。

國際永續採購 ISO 20400 的主要觀念

一、瞭解驅動永續採購管理的動機

企業在開始實施永續採購策略前，最重要的是優先瞭解驅動因子，才能有明確的目標及其落實執行。不同的企業組織在不同的運作環境下，透過驅動力的評估可幫助確定供應鏈管理的目標與願景，當驅動因子來自於提升競爭優勢以及符合法令政策時，企業應確保永續目標與這些因子保持一致，將它們連接到企業的核心策略中。

而一般常見的關鍵永續採購驅動因子（Drivers of Sustainable Procurement）如下圖所示：

圖 5-8　關鍵永續採購驅動因子

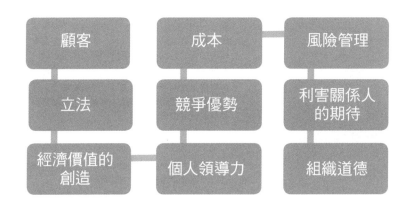

資料來源：資誠自行整裡

二、進行供應鏈管理能力評估

企業實施永續採購之前，應分析目前採購單位及供應鏈管理能力的建置狀況，BSR 組織針對 ISO 20400 永續採購所出版的工作文件（The Supply Chain Leadership Ladder, 2017），提供一個快速簡單的四種分級方法（如下圖），企業可藉此瞭解其永續採購管理系統的成熟度，以及供應鏈管理在組織內的代表性，並制定合適的永續行動的解決方案。

圖 5-9 供應鏈領導階層圖

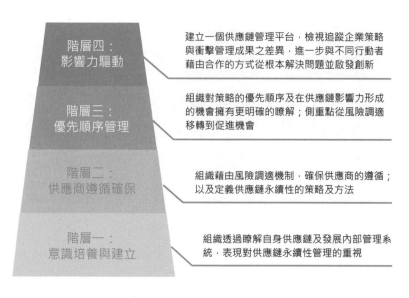

階層四：
影響力驅動

建立一個供應鏈管理平台，檢視追蹤企業策略與衝擊管理成果之差異，進一步與不同行動者藉由合作的方式從根本解決問題並啟發創新

階層三：
優先順序管理

組織對策略的優先順序及在供應鏈影響力形成的機會擁有更明確的瞭解；側重點從風險調適移轉到促進機會

階層二：
供應商遵循確保

組織藉由風險調適機制，確保供應商的遵循；以及定義供應鏈永續性的策略及方法

階層一：
意識培養與建立

組織透過瞭解自身供應鏈及發展內部管理系統，表現對供應鏈永續性管理的重視

資料來源：The Supply Chain Leadership Ladder, 2017；資誠編譯

三、企業需有明確執行「永續採購」的企圖心

企業在確定自己在永續採購管理的治理架構後，接著就是要考慮其自身的背景與現況，與內／外部驅動因子進行交互及融合，可以幫助企業設立明確的永續影響力級別，在 ISO 20400 永續採購提供了四個類型做為評估基礎：

1. 市場推動者（Market Mover）：在具有重大影響力的地區和雄心勃勃的地區，可能會對供應商產生顯著的影響，甚至可能將市場轉變為具更高水平的永續行為，並建立起新的最佳實踐水平。

2. 同類最佳（Best in Class）：如果永續發展願景很高，但對供應市場的影響較小，則可能選擇目前的最佳實踐水平，並將

其實踐達到可持續影響同業的效果。

3. 市場影響者（Market Influencer）：雄心勃勃，影響力顯著的組織，推動市場進入新水平的可能性不大；然而，這種影響力可以用來鼓勵供應鏈改變現況，並改善可持續發展的作法和結果，提供更好的解決方案。

4. 市場接受者（Market Taker）：影響力低，野心低的組織，其適當的策略就是採用市場目前所提供的標準，並發展可持續的作法。

圖 5-10　永續採購的四種類型

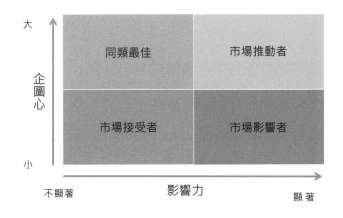

資料來源：ISO 20400 永續採購；資誠編譯

組織的影響力不應該單單只在財務上進行考量，供應商需開發更多永續性的商品或服務，並期望與客戶合作並協同創造更多的競爭優勢。影響力也可以透過與其他採購組織的合作，並適當的考慮道德議題和競爭方法來進行提升。市場研究不應局限於外部資源，有效組織企業的內部資源，為永續發展標準和機會提供更寶貴且不同於以往的視野。

四、導入生命週期成本核算的概念（Life Cycle Costing）

其目的在翻轉採購人員在過往，經常以最低價的採購基礎，來獲取企業所需的商品或服務，應是改以考量其整體生命週期過程中的總成本，在生命週期成本考量之前提下，資誠 PwC 建議企業可針對下列主要成本因子進行定義及評估：

● 採購成本（Procurement Cost）：其包含所有與採購成本相關的成本，如交付，安裝，調適和保險等。

● 營運成本（Operation Cost）：其包括支撐公司維運相關等公用事業費用，如水電費，房租，電信通話費用等。

● 報廢處置成本（End-of-life Cost）：如回收、翻新或報廢等費用。

因應企業屬性可擴增下列生命週期成本，包含：

● 資產的生命週期和保修期限成本。

● 環境外部性（environmental externalities）的成本和社會外部性（social externalities）的成本。

圖 5-11　生命週期主要成本因子

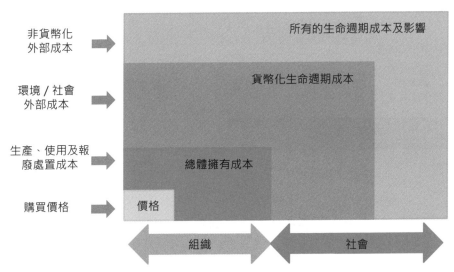

資料來源：ISO 20400 永續採購 / EU；資誠編譯

以下係針對「生命週期成本法」（Life Cycle Costing, LCC）進一步說明。按生命週期成本核算，主要是考量整體產品生命週期中所包含的內部生產營運成本，再加上外部的產品消耗的環境或社會成本，進一步將生命週期過程中的衝擊進行成本分析。過去，多半企業考量實現性時並未兼顧，加上未有對應法規的要求，大部分的公司不會將環境外部成本列為營運管理的考量，但近幾年，如道瓊永續指數等，紛紛提倡企業應同時考量內外部成本，重新讓這個管理工具受到關注。企業可透過執行 LCC 後，從生產端來看，瞭解其產品的環境成本占比進而調整修改產品設計及調整優化生命週期中各相關參數、減少內部生產及外部消耗的衝擊。

圖 5-12　生命週期成本核算（Life Cycle Costing）

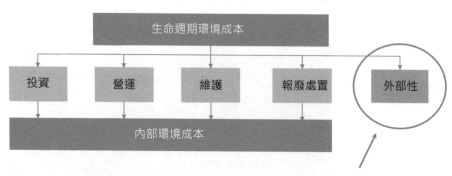

外部性是生命週期環境成本模型需要加入的要素

資料來源：ISO 20400 永續採購 / EU；資誠編譯

例如一開始所提到的三個主要的成本因子，其實就是產品生命週期中的主要三個階段：生產過程，使用過程及最終產品報廢；生產過程主要是一開始的產品設計與研發、小量批次生產再到大量生產過程；產品使用過程則考量消費者或客戶使用過程會中需額外消耗的能資源，最終產品報廢則是產品沒有辦法發揮功能後，必須增加額外的處理流程，我們以這樣的考量為基礎，就相關細分的成本結構進行估算，目的是提供消費者一個最低生命週期成本的產品。

另外從消費端角度來看，生命週期成本估算最常被運用至大型公共採購及建築技術評估等領域，因為其採購數量及使用期較長，若未能妥善評估其生命週期成本，往往容易再投入更高的維護成本。建築物是一個很經典的案例，例如建築物在興建及購置公用系統設備時，須以滿足相同功能性要求下，於進行初始成本和運營成本替代方案評估時，即可以透過 LCC 選擇最大化節省成本的項目；例如空調系統，是否採用較高初始成本的高效能暖通空調

（Heating, Ventilation, and Air Conditioning, HVAC）系統，這可能增加初始成本，但後續的維運成本將會顯著的降低。

由上述說明瞭解，生命週期較長的產品或設備，於採購時即應考量其整體的 LCC 成本，避免落入初期購置成本較低，但卻在營運使用過程中損失更多。接下來，在永續採購觀念中，降低外部的環境／社會成本消耗更是另一個關鍵要素，因為透過外部性成本的分析，提供採購決策者一個更完整的評估訊息。茲以歐盟的公共採購法令 2014/24/EU 來看其外部性成本的的考量流程：

圖 5-13　外部性成本的的評估流程

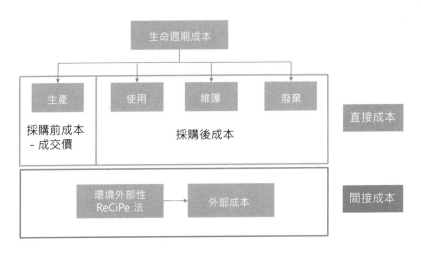

資料來源：歐盟公共採購指令 2014/24/EU；資誠編譯

在 2014/24/EU 的規範中要求，進行公共採購時，應考量產品之直接及間接成本，在相關參考資料中，歐盟參考 ReCiPe 法的衝擊路徑，建議進行生命週期成本外部性分析時可優先考量近期人類較關注的衝擊問題，如人類健康（Human Health）、生態系統

(Ecosystem)、稀缺資源（Resource Availability）及氣候變遷（Climate Change）等議題，但也特別提醒，外部性評估時須考量其產品服務過程的相關環境外部性成本，並應優先考量其貨幣價值是被確定和驗證，降低評估誤差。

永續採購：循環經濟的基石

採購系統在循環經濟轉型中扮演非常重要的角色，藉由永續採購可在產品開發創建的過程中進行因應，並提早做出正確的選擇，其選用的材料和組件能在產品生命週期終了時重新進行調適、翻新或再利用，並透過擴大和加強與供應商的長期業務關係，進而挖掘具有永續特性且創新的產品，抑或是改變既有的商業模式，最典型的案例：如上一節內文所提，荷蘭飛利浦不再只是販售燈泡的企業，而是轉型成為販售照明服務的公司。

近年，循環經濟不再只是口號，可實踐的案例越來越多，且所創造的經濟效益也越來越高，最著名的案例是荷蘭藉由循環經濟翻轉了舊工業時代，根據荷蘭 TNO 的研究報告，循環經濟模式每年至少可替荷蘭賺取約 70 億歐元，並創造超過 50,000 個工作機會，在其推進的同時也大大減少對環境衝擊的影響力，更讓企業及政府認同循環經濟帶來的良好效益。而促進循環經濟的關鍵成功因子就在於責任消費（Responsible Consumption），此一需求將會進一步成為刺激責任生產（Responsible Production）的動力，因為消費者的需求終將刺激企業，並驅動企業努力創造符合循環經濟規則的產品與生產需求，企業為了落實及達成此目標，將勢必要改變既有的採購系統的評核準則，資誠觀察，此項評核準則，恰巧與永續採購準則裡所提之生命週期成本核算概念相輔

相成。

2014 年由荷蘭 Circle Economy 所倡議的「循環經濟行動協議」
（Green Deal: Circular Procurement），目的為加快推動循環經濟
轉型，此倡議主要是幫助企業、民間社會組織（NGO）與政府，在
能源，氣候，水，原料，建築與食物等領域實施永續發展計畫，
目的是鼓勵大眾購買更循環的商品。綠色政策也要求組織積極報
告其是如何從事永續採購，並將永續循環採購整合在既有的採購
流程，及其相關政策與策略中，以展現對環境貢獻的大力支持。

循環經濟除驅動企業推行永續採購外，並且也使歐盟的公共採購
導入永續採購。被歐盟公共機構因永續採購所購買的作品、商品
或服務占歐盟國內生產總值約 14%，每年約為 2,000 億歐元，使
之成為推動可持續商品和服務，以及更適當地配合政府當局迎接
且面對不斷變化的環境，及挑戰的巨大槓桿效應。例如，透過購
買低碳排放巴士以獲得更好的空氣品質，對建築物和道路使用低
環境影響力的材料，並購買無毒的清潔產品，在歐洲各地，區域
和政府當局可以幫助並促進更環保，更可持續和更有效率經濟的
行為。

歐盟的綠色公共採購與循環經濟

綠色公共採購（Green Public Procurement）已經被許多歐盟合作
夥伴的政策認可，其中包括 2015 年 12 月通過的《循環經濟法
案》。雖然綠色公共採購的政府案例很容易實現，但是依標準的
「採購程序」，過去採購商很難確定綠色產品是什麼，或是驗證其
為「綠色」產品，並且害怕其有較高的維運成本；因此歐盟綠色

公共採購首先對建築，食品和餐飲，IT 設備和運輸等優先產品類別的標準進行要求。由於綠色公共採購目前是自願性政策，要使其實現，取決於成員國家和個別政府當局的承諾，到目前為止，已有 23 個成員國家制定了全球行動計畫級別的國家行動計畫，藉由強大的政治承諾，專業的採購人員與團隊能實現此良好的前瞻性計畫。歐盟在「循環經濟計畫」中規定綠色公共採購的幾項重點行動，包括對歐盟綠色公共採購標準的耐久性和可調適性的要求，並提供循環經濟相關的培訓。

2017 年 4 月荷蘭歐盟輪值主席國家和歐盟委員會共同舉辦「第一屆循環採購國際大會」，強調綠色公共採購在循環經濟中的巨大潛力，未來歐盟委員會也將繼續幫助歐盟城市及地區，將綠色考慮因素納入其採購決策中，並鼓勵企業將永續採購性納入現有的治理程序中，而不是重新制定新的治理計畫。

小結

一般企業組織內通常有專職部門或人員負責採購策略，協議、承諾，和其他功能性關鍵績效指標（KPI）等，企業應有效變革採購程序使之與本文所述的永續採購關鍵問題與趨勢有著明確的關聯性。採購人員或團隊也應納入現有的永續管理委員會或公司永續治理組織中。永續採購的利基為在一連串的實踐過程中，能與品牌商與供應鏈以協作並獲得寶貴的經驗，不論是供應商或是企業的採購主管，都能一同在永續採購的基礎下對循環經濟做出貢獻，並能同時兼顧雙方的經濟利益，但此過程並非一蹴即成，因此企業自應開始培養採購流程與供應鏈的協作關係。

對於永續採購未來的期望,是企業應建構採購主管以當責的方式來行事,並促進企業永續發展願景和實現聯合國永續發展目標SDGs 為長期目標,並透過永續性採購準則納入現有採購政策並加以實踐,包括供應鏈的落實與追蹤,企業導入永續採購策略後,可掌握環境、社會和經濟發展的風險及機遇。因為永續採購是透過提高生產力,評估生產價值和績效,促進採購單位與供應商及其他相關利害關係人之間的溝通,導入永續採購的企業,若能同時鼓勵組織的內部/外部創新,將能為企業創造更多永續價值的機會。

資誠建議企業可透過以下問題,自我診斷未來履行新永續發展責任的可能性:

1. 永續採購是什麼?

2. 永續採購對企業採購活動及供應鏈管理的重要性?

3. 企業是否已導入生命週期成本評估方法(Life Cycle Costing)於重要的採購項目?

4. 企業針對 tier 1 供應商是否已能明確掌握 CSR 議題風險?(特別是 EICC 成員)

企業在制定永續採購政策時,應考慮 ISO 20400 中所提之上述關鍵核心要求,特別應針對內部的採購主管及團隊職能上的培育,採購團隊必須意識到,供應鏈稽核僅是解決問題,只有在採購流程中制定明確的永續採購準則,才能減少不必要的供應鏈管理成本,對企業的永續發展能有極大的具體貢獻。

第六章

迎向全面影響力評估時代

第一節 GRI 準則新時代

全球永續性報告協會（Global Report Initiative, GRI）為了發展出一個更有彈性、更可信，和更能與未來趨勢一致的永續報導架構，2017 年新發布的「GRI 準則」整合 G4 報導準則與標準揭露，以及永續性報告指南實施手冊的內容，重新調整成一套模組式、互相關聯的報導準則，優化結構與格式，並在關鍵的概念上有更多的說明。

2019 年正式適用 GRI 準則

GRI 成立於 1997 年，由美國環境責任經濟聯盟（CERES）和聯合國環境規劃署（UNEP）共同成立。經過一連串的決議、規劃及重整，於 2000 年發布了第一代的《永續發展報告指南》，簡稱為 G1，吸引許多公司注意及使用；GRI 於 2002 年脫離 CERES，成為一獨立組織，並於同年度發布了第二代的《永續發展報告指南》，G2；GRI 持續強化指南內容，並於 2006 年發布了第三代的《永續發展報告指南》，G3.1，更發布了 G3.1 正體中文版，大幅增加在臺組織使用 G3 編製永續報告書的數量；GRI 於 2013 年發布了第四代的《永續發展報告指南》，G4，與前版指南相比，內容涉及更廣泛，且揭露要求更明確，也更廣為使用。

GRI 於至 2017 年 6 月 6 日，正式發布新的 GRI 準則，對臺灣依主管機關要求須編製永續報告書的企業而言，將適用於 2019 年 1 月 1 日起編製的報告書，並可提前適用。從 G4 到 GRI 準則，變動雖不像從 G3.1 到 G4 這麼大，但仍然須要關注 GRI 準則的新重點，才能與國際接軌，並符合國內主管機關的要求。

GRI 準則的架構介紹

GRI 準則分為四個系列，分別為通用準則 100 系列，及特定主題準則的經濟主題 200、環境主題 300 及社會主題 400 系列，以下並列出各準則的內容及與 G4 的差異說明。

圖 6-1 GRI 準則的綜覽

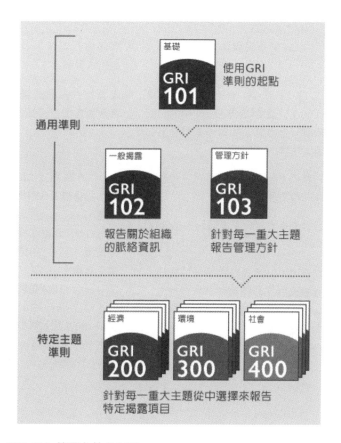

資料來源：GRI 103: 管理方針 (2016)

表 6-1 GRI 準則和 G4 的內容差異

通用準則	內容	與 G4 差別
GRI101 基礎	包含 10 個報導原則,對於使用 GRI 準則準備的永續報告的基本要求,以及如何使用與引用準則的資訊,其中也包含 G4 的依循選項,如核心及全面揭露。	• 報導原則無更動。 • 修正某些原則的指引,使其更加清楚。 • 每一項報導原則都是必要遵循項目。 • 更明確要求永續報告需符合所有報導原則。
GRI102 一般揭露	包含 G4 的一般標準揭露。	• 章節重新安排,但報導原則並無重大變動。
GRI103 管理方針	包含對於管理方針的揭露(DMA)、主題邊界和 G4 中的申訴機制,此準則須和每一項辨別出之重大主題一起使用。	• 澄清重大主題的邊界界定之觀念並包含指引和釋例。
GRI200 經濟主題	包含 G4 經濟類別的議題,及反貪腐和反競爭行為。	• G4 中的議題(如:童工、排放)已轉換為 GRI 準則中的特定主題。 • 部分 G4 的議題或揭露被合併或是重置,部分 G4 議題被移除,避免重複。 • GRI 已公布 G4 和 GRI 準則對照表(Mapping G4 to the GRI Standard),羅列議題和揭露的改變,協助組織更簡易的轉換至 GRI 準則。
GRI300 環境主題	包含 G4 大部分環境類別的議題。	
GRI400 社會主題	包含 G4 大部分社會類別的議題,社會面的子類別被移到其他地方,如工作者實務尊嚴勞動、人權、社會、產品責任。	

資誠整理

GRI 準則的優點

如上所述,模組化的架構能幫助報導者持續保持在最新及最具相關性的揭露,且因個別準則可以分開更新,若未來有新的議題,

也可容易的將其直接加入，因此其涵蓋範圍可容易延伸擴大，另外，與 GRI G4 相比，更清楚區別要求（Requirement）與建議（Recommendations）或指引（Guidance），加強一致性的揭露方式，增加組織間的資訊可比較性，更提高報導內容的品質。

GRI 更將 GRI G4 舊有用語簡化，更具邏輯性的表達揭露內容，也使整體架構更容易尋找，以致 GRI 準則更容易理解及使用，並更適合做為世界各地政策與法規參考的準則。

GRI 準則的揭露規範舉例

從下表可瞭解從 G4 到 GRI 準則關於揭露的規範及相關用語的差異，明顯看出 GRI 對於資訊的要求重點，已經從「量」變成「品質」，即將重點轉向於揭露對報告書使用者有意義的資訊：

表 6-2　GRI 準則用語的變革

	G4	GRI 準則
揭露規範	全面揭露 核心揭露	全面揭露（Comprehensive） 核心揭露（Core） 引用 GRI（GRI Referenced）
對揭露規範 用語	不適用	要求：應 建議：宜

資誠整理

由於 G4 指南並未特別區別對揭露要求的用語，因此對於許多使用者或報告書閱讀者而言，於使用 G4 及閱讀報告時對於是否符合揭露標準產生不少困擾。在 GRI 準則中，為了改善上述界定不清的問題，於是明確定義強制揭露的報導要求及建議的報導要求，透過使用 Shall「應」及 Should「宜」，讓使用者清楚分辨

及遵循 GRI 準則。從這個改變，可以看出 GRI 對於永續資訊的揭露一致性及品質越來越重視。

以下使用 GRI 準則 401-1（原 G4-LA1）：新進與離職員工為例，進一步說明差異：

表 6-3 GRI 準則在「新進與離職員工」的揭露規範

G4 揭露規範	GRI 準則揭露規範
依年齡、性別及地區劃分的新進/離職員工總數與比例。	依年齡、性別及地區劃分的新進/離職員工總數與比例。
實務上可能計算方式 ● 12 月 31 日在職人數 ● 月平均在職員工人數 ● 最後一季平均在職人數	必須採用的計算方式 ●「應使用報導期間結束時」的總員工人數，故僅能使用 12 月 31 日在職人數。

資誠整理

從上面這一個例子可以更具體瞭解 GRI 準則對於資訊的揭露有更明確的規定，減少組織自行選擇相對有利的計算方式的空間，強化資訊的可比較性，也避免不同計算基礎讓報告書使用者產生困擾。

GRI 準則關鍵內容釋疑

用字上 GRI 準則將特定的 G4 用語簡化或修訂如下表所示：

表 6-4 GRI 準則的關鍵用語一覽

G4	GRI 準則	說明
考量面 （Aspect）	主題 （Topic）	考量面和主題並沒有差異。主題代表任何的經濟、環境或是社會主題，不論是否有包含在 GRI 準則內。

G4	GRI 準則	說明
指標 （Indicator）	揭露項目 （Disclosure）	揭露項目一詞代表特定的資訊被報導（揭露）。這項資訊可以為定量或定性。每一揭露項目有一個特定的準則編號（例如，揭露項目102-1是GRI 102: 一般揭露的第一個項目）
一般標準揭露 （General Standard Disclosures）	一般揭露 （General Disclosures）	一般標準揭露與一般揭露並沒有差異，僅將用語簡化。
特定標準揭露 （Specific Standard Disclosures）	特定主題揭露 （Topic-specific Disclosures）	G4特定標準揭露可以在特定主題準則內看到（即200系列、300系列和400系列）。每一個特定主題準則包含了管理方針揭露和特定主題揭露。
管理方針揭露（DMA）	管理方針 （Management Approach）	用語簡化，不再使用縮寫。管理方針現在是一個獨立的準則 GRI103: 管理方針。

資誠整理

此外，GRI 為促進 GRI 準則和國際指引的一致性，成立一個特設的技術委員會，檢視用語以及提供建議給 GSSB（全球永續性標準理事會 GRI's Standard-Setting Body），其大部分的用語調整只對建議或指引的段落有所影響。另外，在少數的案例中，要求報導的部分也有修訂，如：GRI 102 的 102-8: 一般揭露 及 GRI 403：職業安全衛生。除以上特定用字的修改，GRI 準則內對於「衝擊」及「員工／工作者」有更明確的定義。

在 GRI 準則中，除特別說明，「衝擊」係指組織對經濟、環境及／或社會的影響，亦可指出對於永續發展的正面或負面貢獻或影響，係泛指任何正面、負面、實際、潛在、直接、間接、短期、長期、有意、無意的衝擊。

對於「員工／工作者」的定義，GRI 將「員工／工作者」微幅調整定義，並在準則中指明一些特定的工作者族群，並刪除 G4 所使用的非正式員工、總勞動力、獨立承包商在組織所負責現場工作、雇用的個人等字眼。

另外，在報導主題邊界上，界定報告內容的原則與 G4 一致，但指引文字已修改並釐清以下三點：

1. 重大主題的邊界包含：衝擊發生的範圍及組織與此衝擊的關聯情形。

2. 當邊界擴大超過報導組織的主題報告，如：包含部分供應鏈，造成組織可能無法報告一些特定主題的揭露項目，組織仍必須報告該主題的管理方針（GRI 103），並使用特定主題的揭露項目規範之省略理由。

3. 在某些情形下，組織鑑別的重大主題可能未涵蓋在現行的特定主題 GRI 準則內，組織應判斷重大主題是否相近或可適用於相關的準則規範，並使用其辨別出的準則進行報導，但如無相似主題，組織仍須報導該重大主題，並使用 GRI 103 管理方針來報導其如何管理該重大主題。

GRI 準則之確信／保證（Assurance）與內控新規範

在 GRI 準則下，如果組織沒有在永續報告書中附帶保證／確信機構出具的保證／確信報告，須在報告書中另外說明外部保證／確信的基礎及範圍（what has and what has not been assured），包含所使用的保證／確信準則、獲得保證／確信的等級。換句話說，如果在永續報告書中附帶保證／確信報告，則保證／確信報告中應有明確的保證／確信的基礎及範圍（what has and what has not been assured）。這點目前國內確信／保證實務上有不一致的情形，應在適用 GRI 準則後，建議組織與確信／保證業者進行溝通以符合 GRI 準則要求。

除此之外，GRI 也開始注重內部控制，在 G4 下為組織「可能」建置內部控制，而 GRI 準則中則改為「可」建置內部控制及「可」建立內部稽核功能。從「可能」到「可」，顯示 GRI 也建議公司利用內部控制，做為風險管理及管理報導資訊程序的一環。這也與國內公開發行公司建立內部控制制度處理準則，將內部控制適用範圍自財務資訊擴大至涵蓋非財務資訊的精神一致。

GRI 準則使用宣告及通報

為確保運用 GRI 準則的透明性，組織使用 GRI 準則編製永續報告書，應依據準則中界定的準則使用方式，於報告書內註明相對應的宣告或陳述，並參考使用 GRI 準的兩個基本的方式：

一為使用 GRI 準則做為一套編製永續性報告書依循的準則，在此選項內，組織可選擇使用核心或全面遵循，且任何選擇並不影響揭露資訊的品質或重大主題的影響，而是反映組織應用 GRI 準則的程度，組織應選擇最符合其報導需求，考量利害關係人資訊需求的選項。

另一方式為使用選取之準則或其部分內容以報告特定資訊，稱為引用 GRI，並應指出所揭露的內容是參考或引用 GRI 準則的特定主題準則內的哪一項。

除此之外，為提供全球各地的組織使用 GRI 準則的方式之透明

性，GRI 準則規範，組織如依 GRI 準則準備永續報告，應郵寄報告至 GRI 信箱或於 GRI 提供之網站登錄其報告書。

資誠 PwC 全臺首家 GRI 認證訓練機構

PwC 資誠除了持續擔任正體中文版審議委員外，也於 2017 年 4 月間取得 GRI 授證，成為臺灣首家經 GRI 認可的 GRI 準則教育夥伴（Certified Training Partner）。

圖 6-2

資料來源：GRI 授權的教育訓練夥伴機構

關於新揭露 GRI 準則，資誠針對上市櫃公司提出以下建議：

一、上市櫃公司應持續關注上市／上櫃公司編製及申報組織社會責任報告書作業辦法（以下簡稱「作業辦法」）

- 2018 年報告書須依 GRI 準則編製：
  由於 GRI 準則適用的時點為 2019 年 1 月 1 日起，因此對於法規規範內的組織而言，最晚必須適用報告書年度為 2018 年（因為預計於 2019 年發布），並可提前適用。

- 新增加強揭露事項：
  現行食品業、餐飲收入占總營收 50% 以上、金融業及化工業均有加強揭露事項，建議組織持續關注主管機關未來作業

辦法是否新增加強揭露事項。

二、特定上市櫃公司著手分析現行報導內容，是否符合 GRI 準則
　　規定

● 對於資本額 50 億以上之上市櫃公司，須於 2019 年 1 月 1 日
起編製 2018 年報告書時，採用 GRI 準則。在編製 CSR 報告
書經驗不足的情形下，資誠建議及早分析 G4 與 GRI 準則不
同處，規劃整併後收集報告書資訊，減少過渡期衝擊。

● 對於有豐富 CSR 報告書編製經驗的組織，可能將 G4 與 GRI
準則的差異簡化為內容的重新歸納整理。然而從上面的例子
中，可以發現無論是管理方針或資訊計算基礎，反而更應該
要注意 GRI 準則對於資訊的新增要求內容，才能真正符合及
宣稱使用 GRI 準則。

第二節　企業整合營運思維下的整合性資訊（IR）

歷史財務資訊提供的是企業運用財務資本所產生的結果，無法完
整提供投資人判斷企業價值及財務決策所需之關鍵資訊，因為財
報使用者只能在歷史資訊中想辦法臆測未來的趨勢；從另一個層
面看，一個企業的價值簡單可分為有形、無形，根據統計，現今
以歷史財務報表為主的報告架構所顯現的有形資產，平均僅占企
業整體價值的 20%，無法顯現其餘的 80%。因此，近年來企業
社會責任報告書或環境報告書開始成為財務報告以外的企業對外
揭露其他相關價值的資訊，這無非是為了從不同角度展現企業價
值。然而企業社會責任報告書或環境報告書雖然提供了投資人關
注的環境、社會及公司治理等顯現無形價值的非財務資訊，但是
這些資訊並沒有與企業的財務資訊整合。

綜上,在現今以歷史財務報表及企業社會責任報告書為主的企業報導架構下,投資人究竟憑藉何種資訊,據以準確地評估企業價值及長期獲利能力,乃成為重要的挑戰;也因此,一份企業揭露其如何在短期、中期及長期創造價值及保存價值,讓投資人更能做出投資決定的「整合性報告」遂應運而生。

整合性報告已成國際潮流

在投資人的倡導下,整合性報導(Integrated Reporting;<IR>)概念自 2009 年起開始慢慢成形,2013 年底由國際整合性報導委員會(IIRC)發布第一版「國際整合性報導架構」,臺灣亦於 2015 年底發布正體中文版。

由於整合性報告 <IR> 係結合了財務與非財務資訊的報導,許多企業除了自行編製整合性報告外,也積極參與提倡國家/地區使用整合性報告。根據 IIRC 統計,至 2017 年 10 月全球共有超過 1,750 位人士參與 IR network,下表為世界各地 IR network 運作及企業參與情形。

表 6-5 各國參與 IR 的情形

國家	IR 發展情形
南非	約翰尼斯堡交易所自2010年起要求所有上市公司採用IR（依King III定義），如未採用則須說明。 The Integrated Reporting Committee（IRC）引導整合性報導發展，其成員包括約翰尼斯堡交易所、Association For Savings & Investment SA、Banking Association of South Africa, Batseta（Council of Retirement Funds for South Africa）、Business Unity South Africa、Chartered Secretaries Southern Africa、Financial Services Board, Government Employees Pension Fund, SAICA等專業機構。

國家	IR 發展情形
美國	許多美國領導企業正積極參與<IR> Business Network，包括保德信金融集團（Prudential Financial）、仲量聯行（JLL）、高樂氏（The Clorox Company）、世界銀行（the World Bank）、百事可樂（PepsiCo）與微軟（Microsoft）。
英國	英國<IR> Network包括了HSBC、聯合利華（Unilever）與 Interserve等知名企業。透過定期會議，UK <IR> Network討論如何執行<IR>與克服各項挑戰。
法國	法國<IR> Network 包括了源訊（Atos）、法國巴黎銀行（BNP Paribas）與15 家CAC40 成份股企業。目前定期發布IR的企業包括安盛保險（AXA）、Eurazeo PME、GDF Suez、Gecina、Mazars、Sanofi與Vivendi等。
荷蘭	皇家荷蘭會計師機構（Royal NBA institute）支持荷蘭IR network各項活動。荷蘭IR network 與IIRC 一起組織與辦理各項活動，以協助荷蘭企業邁向IR。許多最近期的荷蘭企業發布的IR已分享於 Integrated Reporting Examples Database。 已編製IR的荷蘭企業包括全球保險集團（Aegon）、阿克蘇諾貝爾（AkzoNobel）、NV Luchthaven Schipol, FMO與飛利浦電子（Royal Philips Electronics）等。
日本	在日本，IIRC得到日本公認會計師協會（JICPA）與日本交易所集團（Japan Exchange Group）的支持，並組織日本地區的network，目前已有超過35位參與者。日本投資人關係協會（The Japan Investor Relations Association）估計目前有182家日本企業正在進行或預計進行編製IR。

資誠整理

臺灣自 2015 年 12 月發布「國際整合性報導架構正體中文版」以來，已漸漸有許多臺灣企業開始編製整合性報告，主要以金融業與電信業為主。由於國內許多企業已發布企業社會責任報告書，且「年報應行記載事項」中已規範年報應揭露的內容，臺灣企業

多以結合企業社會責任報告書與＜ IR ＞的方式編製整合性報告。
下表為資誠統計至 2017 年 10 月發布之 2016 年 CSR 報告書。

表 6-6　國內 CSR 報告書採 IR 架構的產業家數

產業	金融業	電信業
家數(註)	7	3

註：資誠統計至 2017 年 10 月 9 日已發布之 2016 年 CSR 報告書。

不論是國外或國內，可以發現參與 IR network 及編製整合性報告
的企業越來越多，顯示整合性報告已成為未來報導趨勢，除了對
外溝通企業價值外，編製整合性報告是否能帶給企業更多的效
益？以下將更進一步說明整合性報告能為企業帶來的效益。

整合性報告的效益
全面評估營運風險與目標

＜ IR ＞架構下，一本整合性報告須包含以下 8 個內容要素：

1. 組織概述與外部環境：組織從事何種業務？以及組織在何種
   環境下營運？

2. 治理：組織的治理結構如何支持組織在短、中、長期創造價
   值的能力？

3. 商業模式：組織的商業模式為何？

4. 風險和機會：影響組織在短、中、長期創造價值能力的特定
   風險與機會為何？以及組織如何因應？

5. 策略和資源配置：組織往何處去？組織如何到達目的地？

6. 績效：本期組織達成其策略性目標的程度及其結果對資本影響為何？

7. 未來展望：組織在執行其策略時可能會遭遇的挑戰及不確定性為何？對其商業模式及未來績效有何潛在的意涵？

8. 表達的基礎：組織如何決定應包括在整合性報告中之事項，以及該等事項如何被量化或評估？

透過以上 8 個內容要素，整合性報告說明了策略是如何與風險連結、策略又怎麼與價值產生因子及企業表現連結，以產生最終的影響。更進一步，這些影響能回應利害關係人所關心的重點。

有研究顯示，超過 65% 已經開始導入整合性報導原則的受訪企業表示，藉由導入整合性報告，他們更清楚了解企業營運的風險及機會、強化進行決策時所需的資訊基礎、並讓董事會及管理階層更能整合、全面性地決定企業營運目標[1]。國內編製整合性報告的企業也同樣表示，透過編製整合性報告，能協助企業全面評估營運風險與目標。

描繪企業價值創造流程，運用六大資本重新定義

<IR> 為了確保企業在闡述其價值創造流程時，已全面考量所使用或受影響的資本類型，因此羅列出六大資本做為思考時的指導方針，<IR> 對於各資本的定義如下：

1　*Realizing the benefits, the impact of integrated reporting*. Blacksun (2014).

表 6-7 六大資本的定義

資本類型	定義
財務資本	• 可供組織用於產品之生產或服務之提供 • 透過諸如負債、權益或補助等融資方式取得，或透過營運或投資產生
製造資本	被製造出來的實體物件(有別於天然的實體物件)，供組織用於產品之生產或服務之提供，包括： • 建築物 • 設備 • 基礎設施(諸如道路、碼頭、橋梁以及廢棄物和水處理廠)
智慧資本	組織的、知識類型的無形資產，包括： • 智慧財產權，諸如專利權、著作權、軟體、權利和執照 • 組織資本：如隱性知識、系統、程序和協議
人力資本	人的技能、能力和經驗以及創新的動力，包括： • 認同與支持組織的治理架構、風險管理方針及道德價值觀 • 理解、發展及執行組織策略的能力 • 忠誠度和改善流程、產品及服務的動力，包括：他們的領導、管理及合作的能力
社會與關係資本	社區、利害關係人團體以及其他網絡的內部或相互之間的機制與關係，以及為提升個體和集體的福祉而共享訊息的能力。社會與關係資本包括： • 共享的規範、共同的價值與行為 • 與關鍵利害關係人之關係，以及組織已發展、並力圖建構及保護與外部利害關係人議合的信任及意願 • 組織已發展的與品牌及聲譽相關之無形資產 • 組織營運所需之社會認同
自然資本	用來提供產品或服務以支持組織過去、現在或未來成功之所有可再生或不可再生的環境資源及流程，包括： • 空氣、水、土地、礦物及森林 • 生物多樣性及生態系統的健康

資料來源：The International IR Framework, 資誠整理

雖然 <IR> 提供了六大資本，但企業於運用上仍可依經營模式自行定義，因此實務上國內外企業多有自行定義資本的情形。

<IR> 引導企業以「資本」的增減、轉變來顯示。「資本」是一種累積的價值，隨著公司商業模式的運作產生變動。例如，當公司獲利時，會使得「財務資本」增加；除了一般較直觀的「財務資本」外，<IR> 也將概念擴及到其他的「非財務資本」，例如員工訓練得宜時，將使得「人力資本」的品質提升。公司透過將資本投入商業活動以獲取產出，產出的價值續而累積於各項資本中。意即整合性報告乃強調滾動式的管理手法而非單純的資訊揭露，也因此整合性報導流程為企業內外部報導持續進步的堅強基礎。除此之外，不同於以往的報告著重於特定「點」或「線」的報導方式，整合性報告透過六大資本的變動，採用「面」的管理及報導方式，對內對外提供更有價值的資訊。

建立整合性報導流程，打破穀倉效應

所謂的「穀倉效應」(Silo Effect)泛指大型企業經常發現的缺乏跨部門溝通，只有垂直的指揮系統，沒有橫向的合作機制，如同一個個穀倉，各自擁有獨立的進出系統，但缺少互動，這種情況下各部門之間因未能建立共識而無法和諧運作。

而 <IR> 將會是突破穀倉效應的重要關鍵，在 <IR> 架構下，企業必須能回應利害關係人所關心的重點，同時也連結策略、風險及企業表現等，為了能在整合性報告中強化上述問題的「連結性」，公司必須產生組織管理上結構性的改變，以收集整合性的管理資訊，也就是必須建置「整合性報導流程」。

所謂的整合性報導流程是將企業管理其價值產生因子的過程，與投資人及其他利害關係人溝通。比起注重財務及生產資源的傳統報導架構，企業必須更全面的盤點在營運中所使用的各種資本，了解並說明各資源間的交互影響，及所反映的財務價值。因此，整合性報導流程需要具備決策者的高度，以反映出其決策時係如何考量上述這些交互影響的資源。

整合性報導流程是必須持續檢視的，除了在過程中進行內部流程的調整外，當企業以整合性報告向利害關係人溝通其創造價值的過程後，利害關係人的關注可能亦會讓企業辨識出更多的價值並進行管理，達成投資人與企業雙贏的局面。

建立整合性的思維

整合性報導流程期望在協助企業建立與投資人及其他利害關係人溝通平台的同時，也為企業注入穩定成長的管理力道，以達成經濟上的成就，並為內部決策過程帶來更具連結性的情報，以建立整合性的思維，進行更全面性的決策。在規劃上，資誠建議企業可以透過下列幾點來進行：

● 從重大性及創造價值的角度來強化企業的管理團隊對於價值產生因子的瞭解及評估：

<IR> 在定義重大性時係以「應揭露事項」的正面論述出發，如果有實質影響組織在短、中、長期「創造價值」的能力之事項，則該事項為重大的或具有重大性，企業應在整合性報告中揭露此具有實質影響的「攸關事項」。

● 強化並建立企業營運計畫與影響公司持續創造價值能力的各種因素間更深的連結性：

<IR> 引導企業以「資本」的增減、轉變來顯示價值，組織所持續創造的價值，展現在兩個交互影響的面向，一是組織自身創造、提供給財務資本提供者的財務報酬（財務資本），以及為其他利害關係人所創造之價值（其他非財務資本），因此，企業要以利害關係人關切的議題為根基來盤點「資本」的類別，以確認組織也能夠為其他利害關係人創造價值，透過資本的辨認，質性描繪價值的框架。企業可以辨識機會面與風險面可能影響的價值，再透過機會的回應及風險的掌握，結合策略以串接描述價值創造流程。

● 創造企業內部整合性資訊平台以利決策：

「整合性資訊溝通平台」，是希望透過此平台，使企業能掌握一系列相關的管理資訊，管控各方利害關係人關注的價值，因為這個平台不但可以展現企業願景與企業策略，也可以看出企業策略如何為主要利害關係人創造價值。由於每一個企業價值創造流程不同，利害關係人關注的價值也不同，整合性資訊溝通平台應該是每個企業獨一無二，特有的管理工具。

由於整合性資訊溝通平台包含整個價值鏈，為了能將所有資訊有效地連結，企業應從頭到尾描繪價值創造流程，將各營運構面連結起來，同時收集各系統中對應的相關資訊，因此整合性資訊溝通平台的最大效益在於管理當局能運用來自各營運構面且完整連結的歷史資訊，更精準地預測利害關係人關注議題的趨勢，以此調整營運策略。

從傳統的企業報導流程改變成為整合性報導流程，是相當大的挑戰，資誠提出整合性報告五部曲，以協助企業規劃可以依循的實施藍圖，明確辨識出應從事的工作項目，有效率地將資源專注於闡述企業的價值產生方式，以及此價值產生方式的管理流程，進而引領企業將整合性的報導流程內化在各自的組織中。為了達成這個目標，也為了協助企業能管理更全面性的價值產生因子，在資誠所提出的藍圖中，提醒企業掌握下列三大原則：

圖 6-3-1　整合性報導三大原則

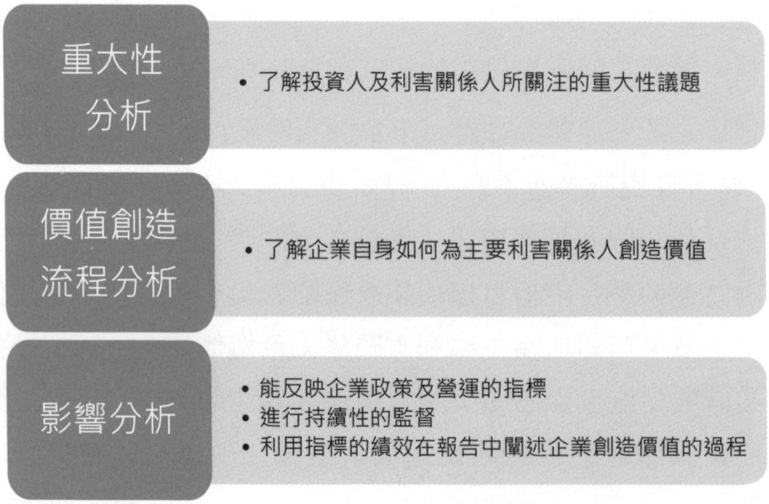

重大性分析	• 了解投資人及利害關係人所關注的重大性議題
價值創造流程分析	• 了解企業自身如何為主要利害關係人創造價值
影響分析	• 能反映企業政策及營運的指標 • 進行持續性的監督 • 利用指標的績效在報告中闡述企業創造價值的過程

資料來源：資誠整理繪製

基於上述的三大原則，企業可以將整合性報導流程區分為以下五個階段：

圖 6-3-2　整合性報導的五部曲

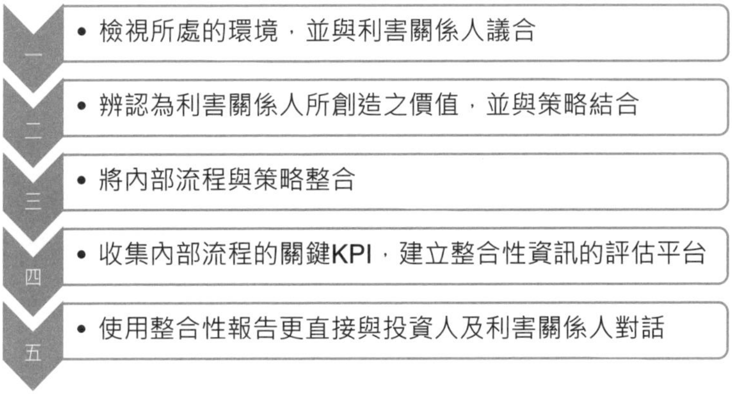

- 一　• 檢視所處的環境，並與利害關係人議合
- 二　• 辨認為利害關係人所創造之價值，並與策略結合
- 三　• 將內部流程與策略整合
- 四　• 收集內部流程的關鍵KPI，建立整合性資訊的評估平台
- 五　• 使用整合性報告更直接與投資人及利害關係人對話

資料來源：資誠整理繪製

第一階段，主要在說明企業可以怎麼有效率地與利害關係人進行溝通，以辨識足以影響未來成功的重要議題；第二階段，是要介紹一個框架，讓企業可依此來辨識企業創造價值的流程；在第三階段，將協助檢視整合性報導流程中所需要的管理資訊、風險及績效評估指標，及其對於內部流程的影響；進到第四階段，會更詳細的說明建置整合性資訊評估平台的步驟，讓企業可以彙集管理上所需要的資訊；而在最後的第五階段，將說明如何彙集前四階段的成果，實際撰寫整合性報告，以期忠實並完整的報告企業專屬的、創造價值的故事。

這五部曲並非僅是為了產出整合性報告，更是一連串強化內部管理的流程改善，希望能透過五部曲，協助企業全方位思考經營策略，具體回應利害關係人，妥善執行管理流程及全面性地評估財務與非財務資本的投入與產出，訂定最佳經營決策，最後能有效

地創造價值並向投資人及其他利害關係人闡述企業價值，實踐企業永續發展！

【整合性報告案例－國泰金控】

國泰金控一直為國內永續發展領域的先驅者，旗下國泰世華銀行2015年成為臺灣首家赤道原則銀行後，進而於2016年完成「臺灣首宗遵循赤道原則」離岸風力融資授信案；國泰人壽自行遵循永續保險原則（PSI），依PSI四大原則於2017年發布第一篇遵循報告。2016年國泰人壽、國泰投信分別以資產所有人、資產管理者的身分協助臺灣政府推動「機構投資人盡職治理守則」，成為臺灣自願遵循國際框架、參與倡議簽署最為全面的金融機構。國泰金控以實際行動落實金融業企業社會責任。

對於永續資訊揭露，國泰金控更精益求精，自2015年開始融入整合性報告要素於企業社會責任報告書中。在近三年發布的企業社會責任報告書中，可以看到國泰金控逐年深化整合性報告精神、加強說明企業永續策略及優化報告書內容，讓報告閱讀者能以廣於企業社會報告書的角度評估企業價值。以下為國泰金控融入整合性報告要素的分析。

2015年企業社會責任報告書

外在風險：國泰金控依照 <IR> 架構，從辨識外在風險開始著手，共辨識出資本市場波動風險、法規日趨嚴格風險、消費者行為改變／科技風險、人才需求風險、社會不穩定／信任流失風險、氣候變遷與環境風險共六大風險，並於各章節中陳述公司策略以回應各個風險。

定義資本：國泰金控導入整合性報告的第二步是定義資本，包括
財務與誠信資本、智慧資本、人力資本、社會關係資本及自然資
源資本。如下表所示，國泰金控運用質化定義去描述資本投入，
讓報告閱讀者了解國泰金控所運用及管理的財務及非財務資本。

表 6-8　國泰金控在五大資本的投入

	投入
財務與誠信資本	國泰用於提供產品、服務的財務能力及誠信精神。
智慧資本	國泰所擁有的知識類無形資產，如智慧財產權、專利、執照等；同時包含組織內的隱性知識、系統程序與創新能力。
人力資本	國泰員工執行策略與創新的能力、經驗、對國泰的認同感及敬業程度。
社會與關係資本	國泰與利害關係人群體間的關係，以及為提升福祉而共享資訊的能力，包含彼此的信任與合作意願、國泰享有的社會聲譽與社會認同。
自然資源資本	國泰用於提供產品、服務的環境資源與流程，如能源、水資源等。

資料來源：國泰金控 2015 年企業社會責任報告書

辨識重大議題：國泰金控透過現行利害關係人議合機制，判斷利
害關係人關注議題。在判斷議題是否具重大性時，國泰金控運用
五大資本進行議題衝擊評估，這也有別於其他編製整合性報告或
採用整合性報告要素的企業，更加深化融入與評估非財務衝擊。

表 6-9 國泰金控的重大議題

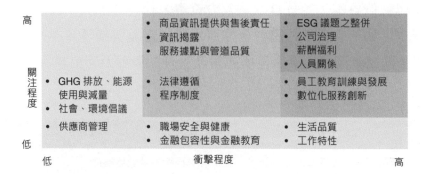

資料來源：國泰金控 2015 年企業社會責任報告書

價值創造流程：國泰金控使用質化方式描述投入與產出，並結合公司願景、核心價值及經營策略，闡述國泰金融價值創造流程，讓報告閱讀者對於公司價值創造流程能有初步並全面的瞭解。

在國泰金控第一年嘗試融入整合性報告要素的過程中，可以看到國泰金控循序漸進使用 <IR> 架構，連結外在環境與風險、策略、定義與運用資本辨識重大議題及運用質化方式描繪價值創造模型，讓報告閱讀者能瞭解國泰金控的營運模式及績效。

2016 年及 2017 年企業社會責任報告書

而在第二年與第三年的報告書，國泰金融除了繼續持續融入整合性報告要素，更著手開始展開量化與揭露目標，具體的數字讓報告閱讀者能更能了解公司整體價值，而目標能讓報告閱讀者清楚瞭解公司未來策略方向。

圖 6-4 國泰金控的價值創造流程

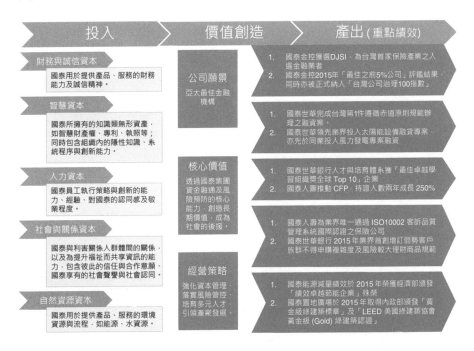

資料來源：國泰金控 2015 年企業社會責任報告書

資本：前一年度使用質化定義描述投入資本，在 2016 年的報告書中每一項資本都展開並量化公司所投入的資本，因此從中可以看到在財務與誠信資本下，公司投入了資本額、資產總額與風險基礎管理方法；在智慧資本下，公司投入了研發費用、人力成本與商品審議機制；在人力資本下，公司投入了員工人數、訓練費用及員工福利費用；在自然資本下，公司投入了綠色採購金額、綠色倡議支出及溫室氣體盤查與環境管理系統支出；在社會關係資本下，公司投入了公益支出與志工。2017 年更嘗試計算五大資本的損益，以量化管理資本變動情形。

圖 6-5 國泰金控的五大資本投入與產出

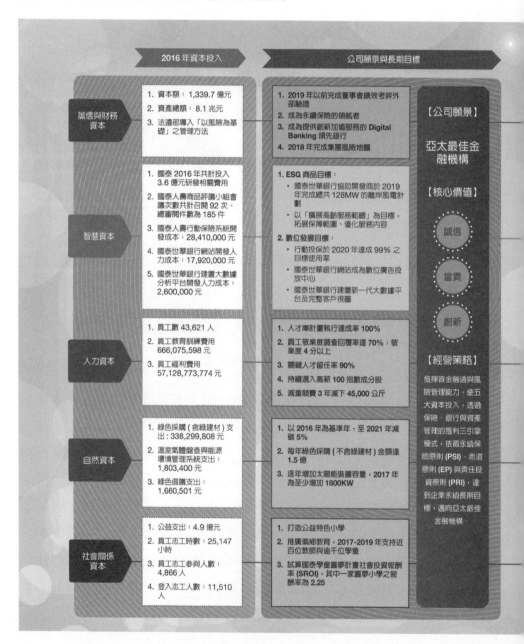

資料來源：國泰金控 2016 年企業社會責任報告書

國泰金控企業永續報告書下載

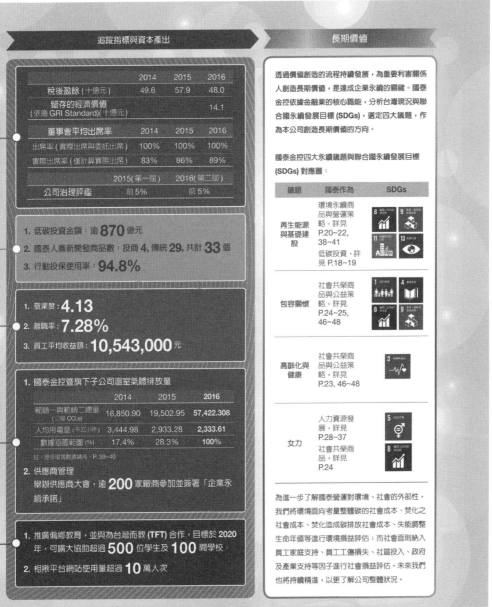

追蹤指標與資本產出

	2014	2015	2016
稅後盈餘 (十億元)	49.6	57.9	48.0
留存的經濟價值 (依據 GRI Standard)(十億元)			14.1

董事會平均出席率	2014	2015	2016
出席率 (實際出席與委託出席)	100%	100%	100%
實際出席率 (僅計算實際出席)	83%	86%	89%

	2015(第一屆)	2016(第二屆)
公司治理評鑑	前 5%	前 5%

1. 低碳投資金額：逾 **870** 億元
2. 國泰人壽新開發商品數：投商 4，傳統 29，共計 **33** 個
3. 行動投保使用率：**94.8%**

1. 敬業度：**4.13**
2. 離職率：**7.28%**
3. 員工平均收益額：**10,543,000** 元

1. 國泰金控暨旗下子公司溫室氣體排放量

	2014	2015	2016
範疇一與範疇二總量 (公噸 CO_2e)	16,850.90	19,502.95	57,422.308
人均用電量 (千瓦小時)	3,444.98	2,933.28	2,333.61
數據涵蓋範圍 (%)	17.4%	28.3%	100%

註：更多環境數據請詳見，P. 39~40

2. 供應商管理
舉辦供應商大會，逾 **200** 家廠商參加並簽署「企業永續承諾」

1. 推廣偏鄉教育，並與為台灣而教 (TFT) 合作，目標於 2020 年，可擴大協助超過 **500** 位學生及 **100** 間學校
2. 相揪平台網站使用量超過 **10** 萬人次

長期價值

透過價值創造的流程持續發展，為重要利害關係人創造長期價值，是達成企業永續的關鍵。國泰金控依據金融業的核心職能，分析台灣現況與聯合國永續發展目標 (SDGs)，選定四大議題，作為本公司創造長期價值的方向。

國泰金控四大永續議題與聯合國永續發展目標 (SDGs) 對應圖：

議題	國泰作為	SDGs
再生能源與基礎建設	環境永續商品與營運策略，詳見 P.20~22、38~41 低碳投資，詳見 P.18~19	8 9 11 13
包容關懷	社會共榮商品與公益策略，詳見 P.24~25、46~48	1 4 8 9
高齡化與健康	社會共榮商品與公益策略，詳見 P.23、46~48	3
女力	人力資源發展，詳見 P.28~37 社會共榮商品，詳見 P.24	5 8

為進一步了解國泰營運對環境、社會的外部性，我們將環境面向考量整體碳的社會成本、焚化之社會成本、焚化造成碳排放社會成本、失能調整生命年值等進行環境損益評估；而社會面則納入員工家庭支持、員工工傷損失、社區投入、政府及產業支持等因子進行社會損益評估。未來我們也將持續精進，以更了解公司整體狀況。

圖 6-6 國泰金控的五大資本投入與產出（續）

五大資本損益
(5 Capital Profit & Loss)

為驅動更有效的管理決策，國泰透過影響力評價思維評估五大資本損益 (5C P&L)，我們以衝擊路徑法分析價值鏈中超過 20 項活動產出對社會經濟、人體健康、生態系統及自然資源的外部性影響，包括上游採購與下游投資為產業鏈創造的經濟價值與環境衝擊、自身營運的溫室氣體排放、空氣汙染、水資源使用、廢棄物焚化與掩埋、員工職災事件產生的社會成本，以及納稅、租賃、員工薪資、職涯發展、健康促進活動、保險理賠與優惠放貸等帶來的社會效益，並將衝擊程度轉換為一致且可比較的單一貨幣化語言，以利辨識不同活動間的相互依存關係，增進正面影響力，使負面風險最小化。未來，我們將持續參與方法學開發，擴大評估範疇，以創造企業長期永續價值為目標。

方法學說明：

1. 採購活動及產業投資創造之社會經濟貢獻，參考主計處 100 年度產業關聯表，以投入產出分析法計算。

2. 營運相關之財務與誠信資本、折舊／攤銷金額、員工薪資與福利、及違規裁罰金額來自本公司年報。

3. 自然資本相關價值化係數參考 USEPA(2016)、UNEP(2016)、PWC(2015) 以及本研究自行估算。

4. 人力資本相關價值化係數參考 Jiune-Jye Ho (2005)、Chieh-Hsien Lee (2009) 以及本研究自行估算。

5. 保險理賠考量之理賠金額，為受益保戶創造之經濟價值。

6. 志工服務社會價值，將服務時數轉換為員工薪資作為計算基礎。

7. 減輕還款壓力之價值，係比較優惠利率與一般利率差異，計算借貸者減少之還款金額。

8. 貨幣價值轉換皆考量以 2017 年為基準之通貨膨脹係數，及新台幣對外幣之匯率。

從 ESG 到 5 大資本，了解國泰價值鏈活動的外部性影響路徑

資料來源：國泰金控 2017 年企業社會責任報告書

國泰金控永續發展策略

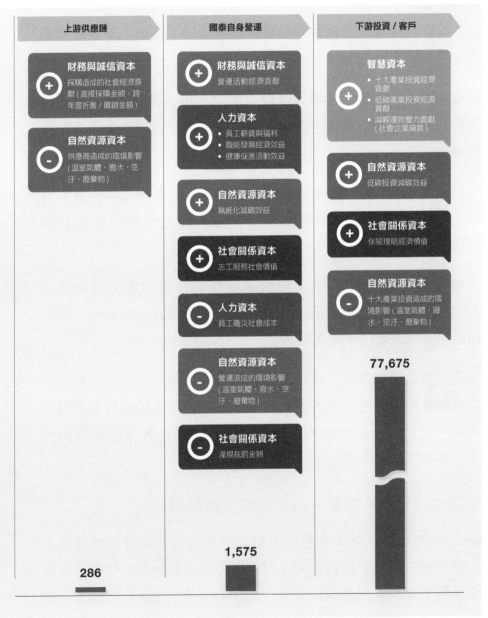

公司願景與長期目標：除了公司願景外，更加入量化的長期目標。一般而言，量化目標是國內企業在永續資訊上普遍缺乏的地方。國泰金控透過揭露質化與量化長期目標，讓報告閱讀者能了解公司長期策略方向及衡量基準。

追蹤指標與資本產出：與資本投入相同，2016 年與 2017 年進一步揭露量化的資本產出，讓報告閱讀者能了解公司永續績效，見圖 6-5。

長期價值：<IR> 架構中強調價值，國泰金控更嘗試將各資本所創造的價值，運用其金融業核心職能與聯合國永續發展目標（SDGs）連結。

其他：國泰金控在 2017 年的企業社會責任報告書中更揭露了 TCFD（Task Force on Climate-related Financial Disclosure），嘗試描述更多元的價值予報告閱讀者。

透過三年度的報告書，可以看到國泰金控逐漸將永續發展策略予以具體量化，並展現於各個資本，以更整合方式展現價值創造之方式。對於想採用 <IR> 的企業，資誠建議可參考該企業的方式，逐年強化報告書內容與資訊品質。

整合性報告未來趨勢－為企業的價值解碼

IIRC 2017 年的全球大會在歷史悠久的荷蘭港都阿姆斯特丹盛大展開。IIRC 藉由會議的召開，期望廣納各方對於整合性報導架構應用與未來趨勢的意見。本次大會共計有來自 30 多個國家，超

過 240 位的專家共襄盛舉。在本次大會的主題：符合未來組織的價值解碼（Unlocking Value for Future-Fit Organizations）下，會議討論了涵蓋市場趨勢、整合性報導架構應用分析結果、聯合國的永續發展目標（Sustainable Development Goals，SDGs）與氣候相關財務揭露建議書（Task Force on Climate Related Financial Disclosures, TCFD）等永續發展的重要領域及整合報導的方向與概念。

聯合國的永續發展目標（SDGs）

SDGs 自 2015 年底發布迄今，已經是各國政府及各國標竿企業從熱烈討論到努力落實的議題了。與會專家也強調企業選擇 SDGs 時務必考慮公司對該 SDG 能產生正面或負面影響的程度，以致力於公司最能提供貢獻的 SDG。在現場的調查中，多數組織已將 SDGs 納入其 <IR> 或永續報告之中，但與會專家也提及現行許多企業的永續報告雖然都有提及 SDGs，但僅做到圖面上的連結，只是為了呼應 SDGs 而將之寫入其永續報告中，而非真正落實 SDGs，因此呼籲企業應慎選 SDGs，且在連結 SDGs 前應先瞭解各目標之核心意義，再以組織策略及願景配合訂定相呼應的目標並做出承諾，切勿流於 cherry pick（只選擇對企業最有利者），以讓 SDGs 發揮真正的效益。與會的荷蘭銀行也在會中説明，更好的作法將會是透過 SDGs，思考企業未來的策略與方向，因為 SDGs 將會是主導未來世界發展的重要元素。也因此，SDGs 將會是未來的重要機會，也是企業競爭將能脱穎而出的重要關鍵！

氣候變遷風險財務化成焦點

除 SDGs 外，另外一個多次被提及的國際架構為 TCFD。參與會議的 TCFD 小組成員表示，TCFD 與 <IR> 的整體架構絕對是互通的。巴克萊投資銀行（Barclays Investment Bank）代表更進一步表示，從專業投資人的觀點來看，氣候風險財務化已是不可逆轉的趨勢，未依 TCFD 將氣候風險財務化的企業將被信評機構降低評等，更預期各國法令將會持續趨嚴。企業如何評估與管理氣候風險將是投資人關注的重點。TCFD 對企業要求支持 <IR> 所提倡的理念，那就是企業需要瞭解所處的大環境、大環境帶給企業的風險與機會為何、及企業的應變策略為何。臺灣經濟與國際緊密連結，外資持股比例也很高，預期 TCFD 與 IR 的整合架構，將會在臺灣的標竿企業中持續發酵。

資訊科技的介入

如同財務報導，與會專家認為突破穀倉的成功關鍵在於資訊科技的介入，讓整合性與跨部門的資訊得以系統化的整理與蒐集。另外也有與會者於現場提出 <IR> 考慮對財務報導行之有年的可延伸企業報告語言 XBRL（Extensible Business Reporting Language）之採用，將會是最佳的解決方案。

迎向整合性報告時代

整合性報告是一個新的挑戰，企業不再只是出一本靜態的、歷史性的報告書，而是要能隨時掌握企業創造價值的動態報導，係透過一連串強化內部管理的流程改善，具體回應利害關係人 / 投資人溝通的企業管理流程（reporting）。企業勝出的關鍵在於「整合

性思維」（Integrated Thinking），即為全面性地評估財務與非財務資本的投入與產出，透過跨部門的協同整合，訂定最佳經營決策達到最大的綜效。再將企業如何持續創造價值的故事以系統化方式説給利害關係人／投資人聽，最終為企業與利害關係人創造共享的永續價值，實現永續發展的目標！

第三節　讓改變被發現，讓影響被看見－社會投資報酬率（SROI）

社會影響力評估（Social Impact Assessment, SIA），是由先進國家在 1970 年代逐漸發展出來的一些準則和模式，廣納非專家的民眾參與、提供多元分析方法和分享民主的研究過程，使政策擬定和工程計畫在進行過程中，對於社會變化的處理能更有效地監控和管理，並妥善提出因應策略，以創造更和諧的人地生存空間（王慶國，2011）。

在國際間許多學者們對社會影響力評估有不同的定義與解釋，如 Epstein 與 Yuthas（2014）認為社會影響力的意思是由各類活動、投資對環境和社會造成的改變；社會影響力所描述的是一種集合體，個人為了達到他們所想要的結果而投入了各種資源，因其資源的投入、過程或政策所產生一些結果，可能是實質的或額外衍生的實際行動（Emerson, Wachowics, & Chun, 2000；Latane, 1981；Reisman,& Giennap, 2004）；另一種定義則是因外部性所導致的包括預期中的及非預期性的、正向及負向的以及長期或短期的行為（Epstein & Yuthas, 2014；Wainwright, 2002），儘管學者們對於社會影響力評估有多元的看法，但普遍都認同社會影響力評估有其必要性。

雖然有些人認為社會影響力評估不只是一個過程，而更是一個攸關發展和民主的哲學（Vanclay, 2004），一般認為社會影響力評估是環境影響評估（EIA）的一部分。然而，就實際的目的而言，它被廣泛定義為一項分析、監測和管理開發或計畫干預的預期和非預期社會性結果的一個過程（Vanclay and Esteves, 2011）。

此外，衡量社會影響力並不像衡量財務狀況一樣簡單明瞭，盈虧從數字上便可一目了然；員工做志工服務所付出的心力，又或者企業提供實習機會給在學青年，該如何衡量其社會效益？Manetti（2014）認為，在社會企業運作過程中，大量的商業性質收入與社會公共利益，在部門中進行非互惠的轉讓，而社會企業嘗試某些可計算的行為，不僅是測量經濟表現，也有社會效益取得的各項產出和投入的指標。

社會影響力被描述為資源投入、過程或政策的組合，這些資源投入、過程或政策是個人在實現其期望的結果時，所隱含真實存在或行動的結果（Emerson, Wachowics,& Chun, 2000; Latané, 1981;Reisman & Giennap, 2004；Grieco et al., 2015）；另一種定義則是因外部性所導致的包括預期中的及非預期性的、正向及負向的以及長期或短期的行為（Epstein & Yuthas, 2014；Wainwright, 2002）。

至今國際上已經發展出許多社會價值評估工具，其中社會投資報酬率（Social Impact On Investment, SROI）是近年興起的其中一個工具與架構。SROI 是由美國非營利組織（Roberts Enterprise

Development Fund, REDF[2]）於 1997 年所發展出衡量社會企業的成本和效益的方法。之後 Accountability 的主席 Jeremy Nicholls[3] 於 2004 年聚集夥伴發起了 SROI Framework Document 的倡議，並成立 The SROI Network，發展出 SROI 的方法學。隨後自 2007 年開始，在英國政府第三部門及蘇格蘭政府的持續支持下，Jeremy 和夥伴於 2009 年撰寫完成 SROI 指引（A guide to SROI），即是現行的 SROI 通用準則，並成為英國政府與蘇格蘭政府評估公益組織績效之重要參考依據。

SROI 係由傳統 ROI 而來，但 ROI 計算的是財務利潤，SROI 則是計算價值效益，並非由投資利潤最大化的原則出發，它的目的是賦予社會效益和經濟效益的貨幣化價值，創造更寬廣的價值鏈。在透過對社會使命的大傘架構下，將經濟價值鑲嵌於社會價值之內，評估組織或企業的關鍵因素以及能產出的社會影響力，藉此觀察組織或企業的總體成效價值，而該價值總體成效價值就是效益。此方法主要用來衡量利害關係人所感受或體驗到所產出的價值，是一個整合社會、環境、經濟成本與收益的工具，是從社會面出發，但卻應用在市場面的評估方法。

由於不同組織或企業所執行的方案涉及不同的利害關係人，SROI 提供一個評估的架構，並沒有固定的算法，操作的方法也很多樣，通常是以「成本 — 效益分析」（Cost-benefit Analysis），透過

2　組織宗旨在於提供訓練與工作機會，使人們除了生計之外也能獲得尊嚴。
　　資料來源：http://www.redf.org/。
3　Jeremy 是英國 NEF 組織在研究 SROI 的首席人物，他是當時發表 AA1000 的國際組織 Accountability 的主席。

貨幣化的數據來表現；不以數據為絕對的表示方式，而是包含了量化與質性分析、財務訊息，以及個案研究（劉子琦，2015）。簡言之，SROI 試圖表達和量化社會影響並貨幣化以創造社會投資回報比率（Nicholls et al, 2012）。SROI 是對「價值」的呈現，而不是「貨幣」，以貨幣的形式呈現成果只是由於貨幣是一個通用的度量單位。

SROI 可分為兩類，評估型及預測型，評估型是基於已經發生成果、對專案活動的回溯；預測型則是預測達到預期成效所能創造的社會價值；預測型 SROI 在活動規劃階段尤為有用，它能夠幫助顯示如何讓社會投資影響最大化，也能在項目啟動和運行時幫助確認哪些內容需要測量（陳慧娟、張峻瑋譯，2011）。

而 SROI 經常從「改變理論」（Theory of Change）開始解釋如何創造價值和為價值訂價，以證明實現了多少社會影響（Gibbon & Dey, 2011）。改變理論又稱為邏輯模型（Logic Model），為一種方法論，以八個要素做為檢視的流程，先理解組織欲改善的問題以及想達成的目標，再投入資源、資金等等，並實際執行活動或工作，進而產生短期的效益與中長期的成果，最後產生影響或改變，再利用結果回頭檢視目標是否達成或偏移，進而調整目標。將欲解決的問題以及目標、結果到影響，用系統性的連結與分析，以邏輯性強的方式記錄與觀察每一個階段的因果關係，如下圖。

圖 6-7　改變理論八要素

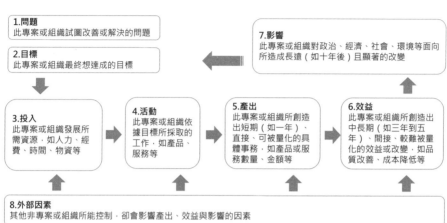

1.問題
此專案或組織試圖改善或解決的問題

2.目標
此專案或組織最終想達成的目標

7.影響
此專案或組織對政治、經濟、社會、環境等面向所造成長遠（如十年後）且顯著的改變

3.投入
此專案或組織發展所需資源，如人力、經費、時間、物資等

4.活動
此專案或組織依據目標所採取的工作，如產品、服務等

5.產出
此專案或組織所創造出短期（如一年）、直接、可被量化的具體事務，如產品或服務數量、金額等

6.效益
此專案或組織所創造出中長期（如三年到五年）、間接、較難被量化的效益或改變，如品質改善、成本降低等

8.外部因素
其他非專案或組織所能控制，卻會影響產出、效益與影響的因素

資料來源：社企流（2014）

藉由改變理論可釐清各階段的關係，越前端的部分是越容易量化的，如投入；活動、產出等皆能清楚描述，但到了結果及影響力部分，因為是結構或系統性的改變，難以用明確的數字來衡量，且牽涉到的利害關係者範圍更廣，對同一項目的看法可能產生出入（林晏平，2015）。因此，在進行 SROI 分析前，先以改變理論將過程與因果關係聯繫起來，將社會企業運作過程統整並描繪其社會使命是如何實現，可以讓執行者更清楚組織的脈絡。

SROI 建立在七個原則之上，所有評估過程應遵守其原則，以避免 SROI 淪為數字比賽，其七大原則如下：

1. 利害關係人的參與（Involve Stakeholders）

2. 理解發生什麼改變（Understand What Changes）

3. 衡量重要的事件（Value the Things that Matter）

4. 僅納入重要的訊息（Only Include What is Material）

5. 不過度誇大成果（Do Not Over-claim）

6. 保持公開透明化（Be Transparent）

7. 驗證結果（Verify the Result）

圖 6-8　SROI 分析六步驟

確定分析範圍·找出利害關係人　描繪成果　驗證成果·並將其貨幣化　確認影響力　計算SROI數值　報告與應用

資誠繪製

第一階段分別要先確定分析範圍與相關的利害關係人，並且確定利害關係人如何參與。在確定分析範圍時要考慮 SROI 分析的目的是什麼，以及分析給誰看，要先初步預測與讀者的溝通方式，機構的背景和目的也很重要，其透過什麼方式達成這些目標等等，而根據新獲得的訊息隨時調整與修正 SROI 分析的範圍。此外，在 SROI 分析中，需要先列出所有相關的利害關係人，無論其成果或改變是積極或消極，是在預期內或在預期外，但由於分析過程較為複雜，因此要特別注意的是，納入的利害關係者是與分析活動有關，而非與組織或機構有關。

透過回答以下問題，界定影響力分析的範圍邊界，以及辨識參與其中的利害關係人：

1. 情境：所致力要解決的問題或情境為何？

2. 投入：將會使用的資金和資源有哪些？

3. 活動：將進行哪些活動，以及將會產生哪些產出？

4. 受益對象：接受到相關服務或取得實際資助的對象？

5. 利害關係人：包括主要受益對象、其他受益對象、可能會受益但卻沒有者、可能會受到傷害的對象。

6. 地點：將用於舉辦活動的地點？

7. 期間：活動將於何時展開？

8. 成果：預期要達成的目標。

第二階段描繪成果時，透過改變理論中的「投入」、「產出」與「成果」來呈現。「投入」為此專案投資的內容，為資源、資金、人力等等。「產出」為專案欲達成之明確目標、較為具體之項目。「成果」為因為產出所導致之轉變，相較產出而言是無形的、抽象的。在投入項目上，除了財務上的資金投入外，有些像是時間或是服務內容較無法直接以貨幣來衡量，因此在此需要估算其貨幣價值（顏詩穎，2015），這個部分是 SROI 分析的核心，可以搭配影響力地圖去執行，將會更清楚整個因果關係的連結，此階段需要與利害關係者一起完成。

至於是要對所有受益對象進行瞭解，或是採取選樣的方式，則取決於活動規模的大小。常用的瞭解方法包括：調查、焦點團體、訪談。

另外，執行上需注意事件鏈（Chain of Events）的存在，有許多的改變具有因果關係，或是短、中、長期的時間關係。

第三階段驗證成果也需要與利害關係者一起找出成果的指標，並為其貨幣化，指標是了解變化發生的途徑，通常是利害關係者最能幫助執行分析者識別指標的人，因此應詢問他們如何知道變化發生的。例如，詢問長者在參加共餐活動前後相比，單季實際減少的就醫次數，即為可以佐證改變的成果有確實發生的佐證指標。另外，在收集成果數據時常見的問題是樣本量應該有多大才是合適的，這個部分應該選取有代表性的樣本，並對樣本進行統計檢驗，以支持自己的觀點。此階段較困難的地方是為成果定價，也就是貨幣化的過程，所有的價值最終都是主觀判斷，然而，可以找尋財務代理指標，利用等價物來進行定價，並進行綜合(社會資源研究所，2011)。

至於如何將成果轉換成貨幣價值，常見的考慮面向包括：

1. 傳統的經濟價值(例如：能創造出多少金額的就業機會)。
2. 財務替代價值(例如：降低住院頻率所減少的醫療成本)。

第四階段確認影響力，將不該歸因於計畫的部分排除，避免對成果過份誇大，例如：年長者參加午餐俱樂部附屬的運動課程之後，就醫次數隨之下降，這項改變，可能不全然是午餐俱樂部提供的營養餐飲或是運動課程所造成的，也有可能是老人們從其他管道獲得強身健體的觀念，進而改變生活作息所造成。在這種情況下，老人們減少就醫次數這項成果，就不能100%歸屬於午餐俱樂部的影響力，而應該將其他因素的影響力予以剝除，才是午餐俱樂部真正的影響力。

故在此階段設立四個敏感度分析的相關因子，分別為無謂因子、轉移因子、歸因因子、衰退因子，如下表。

表 6-10　敏感度分析相關因子

敏感度分析相關因子	定義
無謂因子（Deadweight）	即使利害關係人參與方案與否，仍然會發生的成果比例。
轉移因子（Displacement）	方案可能會在利害關係人上產生多種成果，但成果與成果之間可能會有所替代，這是用來表示成果之間相互替代的比例。
歸因因子（Attribution）	對利害關係人而言，現在有的改變成果，或許有一定比例來自其他地方，也就是非現有方案所帶來的成果比例。
衰退因子（Drop-off）	對利害關係人而言，方案所帶來的某些成果不可能無限遞延，一定會有所衰退，這是計算成果在未來幾年的衰退比例。

資料來源：張抒凡 (2013)。《如何評估社會企業的績效？社會創新方案的 SROI 評估》

第五階段為計算 SROI 數值，此階段已經收集到分析所需的全部訊息，將其整理並盡量精簡化即可。計算出 SROI 之前，可先得出專案之淨現值：研究者把所有專案執行期間的效益折現後之貨幣價值加總後為總現值，而總現值與總投入的比值就是 SROI。

最後，第六階段報告與應用，製作報告回饋予相關者，並將 SROI 內化為營運的一部分。SROI 最有價值的地方在於它能反映成果隨時間的變化，能綜合反映出此專案或計畫是否得到改進，並為組織或機構提供訊息，來決定如何改善服務以達到社會價值最大化（陳慧娟、張峻瑋譯，2011）。

然而，SROI 是一個有效的管理工具，在於讓組織持續的優化績效（Improve）而不是證明（Prove）自己做了多少善事。組織所需要的 SROI 架構也將會視組織的需求有所調整，資誠建議可以依組織規模及歷史資料蒐集的完整度兩個象限，並以 SROI 的七大原

則，做為組織導入 SROI 評估制度的參考方向。

圖 6-9　SROI 評估的四種象限

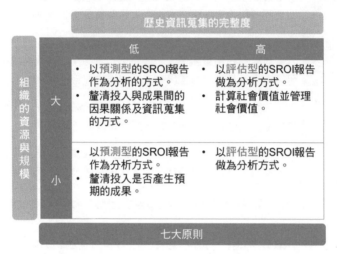

資料來源：資誠自行繪製

評估型 SROI【華碩電腦：再生電腦數位計畫】
臺灣第一本全球性認證的 SROI 報告書

華碩電腦（ASUS）自 1989 年成立以來，主要以生產各式數位電子硬體產品為主，是臺灣最佳的品牌公司之一。在 2017 年度，美國《富比士》雜誌針對全球 2000 大企業依據誠信度、社會操守、雇主情形、公司產品或服務等方面評選，公布最值得信賴企業（Top Regarded Companies）榜單。華碩排行第 26 名，為臺灣唯一入榜前百大企業。

2008 年起華碩文教基金會推行「再生電腦‧希望工程」計畫，將廢棄老舊電腦經回收、組裝整理後，每年捐贈至國內外之非營利

組織成立電腦教室、數位學習中心、課輔教室等，協助弱勢兒童、青年學子、婦女、銀髮及殘障人士學習電腦課程，提供數位學習機會及數位能力，使其生活得以改善。

除了捐贈軟硬體設備，華碩希望以實質行動力推廣數位學習及減少教育落差。連續六年來，華碩結合清華大學舉辦「原住民華碩科教獎：原住民雲端科展」。原住民學子將部落的傳統自然知識、文化、環境生態，結合現代科學的專題研究，再透過雲端平台，相互觀摩學習不同的創意，提升原住民中小學生的資訊與科學素養。2014 年獲得教育部「十二年國民基本教育免試比序參考項目」採計，鼓勵學生多元智能發展，更實質幫助原住民學生爭取免試入學比序成績。

華碩以電腦數位產品的本業出發，自 2008 年開始投入「華碩再生電腦 數位培育計畫」，以回收淘汰的資通訊產品，委託整修工廠整修成再生電腦捐贈給公益組織使用，建立資源回收再利用之「循環型社會」(Sound Material-cycle Society)。並投入志工人力，協助開設課程與建置基礎數位環境，為落實數位包容理念。讓華碩引領的公益活動朝向永續發展的方向前進，希冀降低數位科技的崛起所加深之社會貧富對立與環境之影響力。

再生電腦培育計畫足跡遍及國中小學、新住民、公益團體和弱勢團體，華碩經由 SROI 評估方法，親身聆聽利害關係人的聲音，更深入瞭解到該計畫主要的改變與成果，包含藉由數位產品與技能，提升生活品質、改善課業成績、提升學習興趣、提升工作效率、提升自信心等，符合該專案之運作所想達成之目標。

華碩電腦執行再生電腦數位培育計畫多年，希望進一步了解受贈之非政府組織、志工團體及數位學習中心是否充分利用公益資源，及了解計畫對利害關係人所帶來的改變與影響力。為掌握最真實的回饋與成果，開始找尋可以將企業社會責任具象化的應用指南，藉由與資誠聯合會計師事務所合作，開始導入由英國率先發起的──社會投資報酬率（SROI），做為專案管理與提升影響力的起點，衡量並揭露「華碩再生電腦數位培育計畫 SROI 報告書」，除出具報告書外，亦將報告送至國際社會價值協會（Social Value International）進行近兩個月的認證，以確保華碩對 SROI 指南有正確的了解，並在 2017 年 1 月取得最終證書，成為全球 70 幾份已認證報告中一員，亦是亞洲電子業及臺灣第一本經全球性認證的 SROI 報告書。

在研究分析 2015 年 1 月 1 日至 2016 年 6 月 30 日期間內，華碩協助 527 間公民營單位回收其舊有資訊產品近三萬台。透過合作之整修工廠協助整理修繕，於 2015 年度捐贈國內公益組織 83 間及國外公益組織 13 間，共計捐贈再生電腦 1,252 台。最終分析發現，華碩再生電腦數位培育計畫之社會投資報酬，每投入 1 元新台幣將能產生 3.61 元新台幣社會價值。

然而，數字不是最後的焦點，華碩更希望透過報告書使閱讀者瞭解專案對後續公益活動所帶來的管理啟示。在藉由 SROI 自我檢視之過程中，華碩發展出對於數位培育計畫之後續管理方法。在專案過程中發現若能：1. 建立使用者管理制度、2. 提升再生電腦使用效率、3. 宣導正確使用再生電腦方式、4. 設身處地的設計課程、5. 強化公益組織間之連結，則可以增加數位培育計畫之社會

投資報酬。此 SROI 認證幫助華碩更佳評估其企業社會責任計畫目標，也確保非政府組織、志工團體及數位學習中心充分利用華碩提供的資源。

華碩也透過這次的利害關係人議合過程發現臺灣公益活動面臨的困境，並希望能透過 SROI 報告的揭露讓更多的公益組織重視績效管理與資源的有效分配。在華碩標竿企業的帶領下，企業的公益活動已經從單純的捐贈，開始轉向透過 SROI 的衡量邁入實質管理的時代，這是一個非常重要的里程碑，相信臺灣的企業一定更能夠善用 SROI，讓臺灣越來越美好。

預測型 SROI【遠傳電信：寶衛地球，讓愛遠傳】

遠傳電信自 1997 年成立以來，秉持著「生活有遠傳、溝通無距離、人生更豐富」的企業願景，致力提供優質的通訊服務，給與消費者美好的數位生活體驗，並積極落實企業社會責任。遠傳已經成為臺灣民眾日常生活息息相關的一部分，並連續兩年入選為道瓊永續新興市場成分股的一份子。

遠傳身為臺灣的標竿企業，利用本業的優勢，以「時尚環保 責任創意」為其企業社會責任雙主軸的基礎，結合通訊核心能力應用，以創新思維推動環保概念，創造社會影響力。「寶衛地球 讓愛遠傳」是遠傳以企業社會責任「時尚環保 責任創意」理念所推動的環境教育活動，自 2015 年開始以來，以關注空氣污染議題（2015 年）及認識臺灣生態之美（2016 年）為主題，帶領學童、大眾透過綠繪本及生態記錄片創作、環境教育營、生態音樂會及環保高峰會等創意、有趣的方式帶領大眾學習環境知識，並喚起社

會的環保意識，至今已累積千名學童參與，走進超過 76 所校園。

2017 年遠傳寶衛地球活動，以「無痕綠生活 碳碳 Go Away」口號出發，並將活動策略主軸以遠傳綠文化、環境綠教育、消費綠責任為三大核心行動方案，除了延續往年綠繪本列車等成功活動外，更擴大規模，透過遠傳減碳日、二手市集嘉年華、低碳工作坊等全新內容，廣招遠傳員工、親屬、供應商及民眾一同將認知轉化為行動，落實低碳生活。

在環境綠教育上，遠傳以「寶衛地球，讓愛遠傳」活動，帶領學童、大眾透過綠繪本、生態紀錄片創作、環境教育營、生態音樂會、環保高峰會等創意、趣味的方式學習環保知識，希望喚起社會大眾的環保意識。

為了能掌握活動對於社會所產生的影響力，並且希望能在活動開始執行之前掌握活動的關鍵影響力，並藉以管理與優化專案活動。遠傳於 2017 年 4 月開始執行之「寶衛地球 讓愛遠傳」計畫之社會投資報酬，並遵循指引中與利害關係人議合的結果，鑑別出活動具體產出的成果如下：

1. 學童在參與寶衛地球活動過程中，透過故事和遊戲等趣味的方式，學習氣候變遷、愛護動物及生態保育等知識及觀念，除了獲得愉快的學習經驗外，於活動結束後更開始主動維護校園及家中環境、引發對於環境知識的興趣、學習尊重生命價值並減少生態破壞的行為。

2. 民眾在參與寶衛地球活動過程中，增強環境意識並於活動結束後開始於生活中更積極落實環保行動，且透過藝術及音樂

的饗宴及陶冶，在繁忙的都市生活之餘提升身心靈之滿足，同時增加公益活動的參與意願。

3. 志工在參與寶衛地球活動過程中，加強環保知識及意識、學習溝通及教學的技巧、獲得成就感和助人的快樂，活動結束後不但與親友及同事間的關係有明顯提升、加強對公司的認同度和榮譽感、也更積極投入公益及環保活動。

最後，在遠傳的「寶衛地球，讓愛遠傳」的預測型 SROI 計畫中，計算出若採用與過往相同的專案執行方式，每投入 1 元新台幣於「寶衛地球，讓愛遠傳」的 環境綠教育領域中，將會產生 3.17 元新台幣之社會價值，若納入不確定因素的影響，預測結果將會介於 1.67 元～ 5.33 元之間。

而在預測型的 SROI 結論中，並對於不同的利害關係人有不同程度的發現與後續管理措施：

表 6-11 學童

發現	說明	後續管理
校園綠繪本列車教案內容與學童程度有落差	利害關係人議合過程中，有部分老師及志工反應，由於寶衛地球活動參與的學童中部分為中低年級的學生，先備知識不足加上理解及認知能力尚待發展，導致教案內容無法了解和吸收，增加活動操作的難度並降低產生的效果。	• 降低難度：建議志工在規劃教案時，應事前與老師溝通，依據學童的年紀及程度調整教案內容。 • 加入生活化議題：融入更多可以於生活中實踐的元素（例如：教導學童將塑膠袋摺疊以節省空間），以加強其吸收的效果並透過後續實作經驗延伸擴大單次課程的學習所造成的影響。

發現	說明	後續管理
替代性活動，將可能稀釋遠傳影響力	透過訪談及問卷結果，學校老師均表明學校本來即有相關的環境教育課程。即便沒有遠傳的投入，在合理的預期範圍中，學童對於更環保的活動與生態尊重之結果仍將會發生。	• 擴展活動對象，例如納入親子活動。可以考慮較少人投入領域的活動。 • 納入不同對象，在活動的設計上或許可以納入親子活動或是社區活動。例如，訓練家長與遠傳志工成為綠繪本的教育者，讓家長可以回家也貫徹相關環保活動與生態尊重態度。
學童的記性短暫導致活動後續影響力打折扣	訪談過程中發現，單次活動對於學童的影響會隨時間遞減，且遞減幅度和速度皆相當可觀，因此即便活動當下效果很好，該影響成果也難以持續。	• 設計長期承諾活動：由老師帶領學童在課程後簽署環保行動承諾書，透過宣示及簽名過程加深學童的責任意識。並將承諾書張貼於班級佈告欄中。 • 設計環保行動集點卡：設計環保行動集點卡，邀請學童於課程後仍在生活中落實各項環保行動，並記錄於集點卡上，於特定期限集滿特定點數即可獲得遠傳提供的禮物。亦做為成果追蹤的客觀指標依據。

資誠繪製

表 6-12 民眾

發現	說明	後續管理
大型聚眾活動帶來較大影響力	透過訪談及問卷結果，得知結合藝術及音樂的大型環境教育活動，突破過往環保宣導活動的保守框架，新穎而創意的方式不僅增強傳遞的強度和深度，加上聚眾活動人數多、影響範圍廣泛，相較於其他活動產生最大的社會影響力。但也因為開放式的參與，導致參與民眾後續的改變成果難以有效追蹤。	• 後續成果追蹤：活動現場發放問卷雖然能捕捉參與者當下的感受，但仍需要透過後續追蹤才能完整評估實際的改變。建議現場留下參與民眾的聯絡資訊，於活動結束後一段期間後再以問卷或訪談了解其後續的改變。

資誠繪製

表 6-13 志工

發現	說明	後續管理
遠傳志工成果全面且多元	透過訪談發現志工在服務中亦獲得許多正向的改變，除了本身的環保意識因執行教案等活動而增強外、助人的過程亦改變其價值觀及態度，進而產生正向的人際關係及生活，對於公司的形象及認同度也大幅提升。志工的成果雖然因總人次最少而僅占總影響力的 13%，但涵蓋層面相較於學童及參與民眾卻最全面而完整。	• 增加志工人數及參與：透過本次專案過程發現志工成果顯著，不僅對其個人、周遭親友乃至公司都有正面效益。 • 明顯感受到因為志工是投入在專案活動之中，因此感受力較學童強，建議未來在活動設計及人力配置上可以納入更多志工共同參與。

資誠繪製

從華碩到遠傳，資誠樂見國內已有標竿企業率先引領永續管理新思維的風潮，展現企業即便對於公益活動也秉持高度管理的認真謹慎態度。SROI 制度在這兩家企業所體現的並不僅是一個數字的呈現，而是一個追求永續發展的最佳典範。

影響力商業模式，打造新型態永續企業

2011 年 1 月出版的 Harvard Business Review，刊登了全球策略管理大師麥克‧波特（Michael E. Porter）所著的創造共享價值（Creating Shared Value），定義了未來企業成功的標準不僅僅是經濟價值還必須有社會價值，並且稱之為企業的共享價值。

麥克‧波特在 2013 年的 TED 邀請演講中，說明了創造共享價值，關鍵在於解決社會問題，讓社會產生改變。並且預測這將會

是一個未來潛力無限的市場與企業的成長機會 [4]。

聯合國在 2015 年底公布 17 項全球永續發展目標後，隨即成立的一個永續發展目標的影響力財務支持計畫 [5]，做為支持全球回應永續發展目標的財務支援系統。聯合國的影響力財務支持計畫，亦採用以 SROI 的架構做為衡量影響力的主要架構。為了呼應 SDGs，企業永續發展協會 (BCSD) 也提出 "Better Business, Better world"，說明標竿企業將會是引領全球進步的關鍵，呼籲企業發揮應有的企業影響力重新贏得社會的信任。而 BCSD 也相信，再重新贏得社會信任的過程，將會為企業創造高達 12 兆美元的商機。而道瓊永續指數 (Dow Jones Sustainability Index) 並正式於 2016 的題組加入「Impact Valuation」的題組，希望標竿企業能開始衡量組織對於社會及環境所產生的社會影響力。

從學術界的理論提出、聯合國的採用、BCSD 的呼籲到 DJSI 的執行，可以確立的是，企業僅重視獲利的觀念已經為國際主流趨勢所揚棄了。影響力將會成為企業成功與否的衡量指標，也將關係企業的永續獲利能力，極大化影響力的商業模式將會是企業重新定義成功的重要關鍵。試想，現今世界所面臨的種種難題，貧窮、能源、水資源等，若是企業能針對該等重要社會問題提出解決方式，企業在創造巨大的影響力下，能不伴隨鉅額的獲利嗎？BCSD 在 "Better Business, Better world" 一文中，說明現今世界面臨的是一種低成長低獲利的經濟常態，然而，若從 SDGs 的方向

4　https://www.ted.com/talks/michael_porter_why_business_can_be_good_at_solving_social_problems/up-next?language=zh-tw

5　http://undp.socialimpact.fund/

出發，則可以發現未來的世界在四大領域 60 個市場，將會有驚人的爆發性成長。

表 6-14　BCSD 預測未來四大領域 60 個高度成長市場

	食物與農業	城市	能源與材料	健康與福祉
1	減少價值鏈中的食物浪費	可負擔住宅	循環模型－自動式	風險分擔
2	森林生態系服務	能源效率建築	可再生能源擴張	遠距病人監管
3	低收入食物市場	電動與混合動力車	循環模型－設備	遠距醫療
4	減少消費者食物浪費	城市公共運輸	循環模型－電子儀器	進階基因學
5	產品新配方（product reformulation）	共享汽車	能源效率－非能源密集工業	活動服務
6	大農場科技	道路安全設施	能源貯存系統	假藥偵查
7	飲食轉換（dietary switch）	自動駕駛汽車	資源回收	菸草控制
8	永續農業	ICE 汽車燃料效率	終端使用鋼鐵效率	體重管理計畫
9	小農科技	建立韌性城市	能源效率－能源密集工業	優良疾病管理
10	微灌（micro irrigation）	地方性漏水（municipal water leakage）	碳捕集與封存	電子醫療紀錄
11	復育土地退化	文化旅遊	能源汲取	優良婦科與兒童健康
12	減少包裝浪費	智慧電表	綠色化學物質	健康管理訓練
13	牛隻集約化	水與衛生設施	添加物生產	低成本手術

	食物與農業	城市	能源與材料	健康與福祉
14	城市農業	共享辦公室	在地萃取物	
15		木造建築	共享公共建設	
16		耐久與模塊化建築	礦區環境恢復	
17			電網連結	

資誠繪製，資料來源：Business & Sustainable Development Commission.（2017）. Better Business Better World–The report of the Business & Sustainable Development Commission, 14.

為順應未來世界的趨勢，高盛、黑石及夥伴投資集團等世界著名的投資銀行，亦紛紛投入影響力投資領域，投資高社會影響力的組織與專案。從 BCSD 的分析、UNSIF 的投資與各大投資銀行的參與，可以清楚地看到，影響力商業模式，已經成功的將解決社會問題結合至商業環境。資誠相信，臺灣企業針對公益活動的社會影響力評估將會是臺灣影響力發酵的元年。未來引領臺灣經濟再度起飛的，將會是發揮最大社會影響力的企業。

第四節　讓 CSR 貨幣化－全面影響力評估（TIMM）

企業的價值正在被重新定義。根據 PwC Global 2017 年的 CEO survey，經營者相信企業獲利以外還有更多其他的任務，包含：滿足社會需求（76%）和平衡所有利害關係人的利益（69%）。利害關係人對公司的期望已不僅是獲利層面的考量，而是在獲利之餘，企業是否善盡企業社會責任，甚至進一步對社會有正面的影響力及貢獻（Net Positive Impact）？因此，企業需要處理與溝通的，不再只是理性的將創新價值與影響以財務數據衡量與表達，而是需以感性的新思維，將隱藏在背後的目前與未來效益及成本

與風險加以辨識與評估，進行「全面影響力衡量與管理」（Total Impact Measurement and Management, 簡稱 TIMM）。

許多國際標竿企業開始重新檢視營運活動是否對經濟、社會或環境產生正面影響。例如 IKEA 集團積極的鼓勵大家用節能燈泡，針對銷量佳的節能燈泡，IKEA 甚至降價賣出，讓全民都可以一起節省能源電費，加入生活環保行列；可口可樂公司（Coca-Cola Enterprises）則是確保產品瓶身皆來自於可回收材質，這些都展現了企業活動與社會環境共同永續經營及正向回饋的目標。

藉由動態管理來評估企業營運活動的影響，與管理長期永續策略的方向已是永續的新趨勢，企業需跳脫以歷史財務報表及企業社會責任報告為主的企業報導架構，有效整合與分析財務與非財務資訊並隨時調整營運策略，以創造永續的企業價值，PwC Global 與企業客戶合作發展出 TIMM，一套讓企業及其多元利害關係人可以有效衡量及管理其經營理念的工具，讓企業評估在營運流程中所產生的影響力程度與量化價值。

TIMM 將風險範疇從組織本身擴展至價值鏈下游、價值鏈上游、組織及價值鏈外部以及社區，透過三大面向提供企業傳遞價值的完整觀點，先把利害關係人區分為「經濟、社會、環境與稅負」等四大指標，將滿足這些指標的各項措施與結果予以量化評估後，透過財務表現或貨幣單位來表達價值。除量化指標外，更模擬當其中的某些因素改變時會對企業的價值帶來什麼程度的影響。例如：當企業決定將某商品從進口改成當地採購，可能降低國外進口成本、免除關稅、增加當地就業機會，但當地製造商在生產過程中也可能面臨碳排放、廢水、廢棄物增加等問題。

圖 6-10　將 CSR 貨幣化的歷程

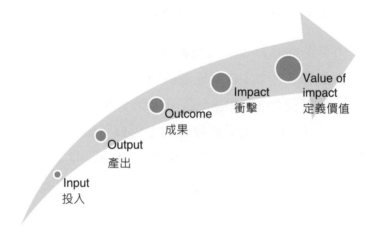

資誠繪製

全面性影響力衡量與管理（TIMM）主要涵蓋以下四大構面：

Total（全面性）

強調企業在做營運策略的評估與衡量時，全面性考量對四個面向（社會、環境、稅務與經濟）的總影響力（貨幣化成果），分項說明如下：

1. 社會影響力：衡量及貨幣化企業社會活動產生的結果（如健康、教育及社區連結）。

2. 環境影響力：貨幣化企業產生的自然資本活動（如空氣污染排放、土地利用、水及自然資源使用）。

3. 稅務影響力：評價企業公共財務的貢獻，包括營利、人事、製造、財產以及環境稅。

4. 經濟影響力：依經濟成長（結果或增加價值）及就業改變，衡量企業營運活動於特定地區對經濟造成的影響。

Impact（影響）

企業除了強調投入及產出的成本效益考量外，更應進一步去評估後續影響。舉例來說，假設企業決定投入資源舉辦健康與安全的員工教育訓練，也確實有 100 位員工參與該教育訓練。但更應關注的焦點是上完課程後，對員工實地作業是否產生正向影響？企業總體效益是否往正面發展？員工也許因為參與了教育訓練，對於工作的健康與安全有更進一步的了解，因此降低職業傷害率，並促進產能提升；以長遠的角度來看，同時也減少企業成本以展現長期經濟效益。

Measurement（評估）

將影響程度貨幣化，以多元利害關係人皆可理解的商業語言表達價值。

Management（管理）

模擬某種因素改變時對於企業價值的影響，當投入、產出及其後續效益被全面性考量並有效的量化後，企業可以善用該資源來評估及管理相關營運策略或專案投資規劃，權衡重要性後產出最佳管理決策。

圖 6-11　全面性影響力衡量與管理(TIMM)的四大構面

Total
- 涵蓋環境、社會、治理 (ESG) 全貌

Impact
- 眼光超越投入及產出，進一步看其「成果」所帶來的影響力影響程度和價值

Measurement
- 量化及貨幣化影響，以商業語言來表達其所產生的價值

Management
- 模擬某種因素改變時，對企業價值所帶來的影響，瞭解如何權衡取捨，做出最佳管理決策

資料來源：資誠繪製

以發電均化成本（Levelised Cost of Electricity, LCOE）為例，當企業比較不同發電技術在整個生命週期之單位發電成本，若單就經濟面，僅需考量投資電廠各期所支付的投資、運維、燃料及除役成本後，評估各方案的的投入與產出，若從 TIMM 的角度，則需同時將社會面的成本（Society Cost of Electricity, SCOE）納入考量，例如就業影響、地理政治風險等因素，全面影響評估成果、影響及其價值。

簡而言之，TIMM 是一套輔佐企業經營管理及評估營運策略的決策工具，TIMM 的運用並不會產出標準解決方案，但強調企業在面對專案管理及日常營運等不同的營運策略時，應有別於以往僅專注於財務資訊的評估模式，改以全面性的角度衡量未來計畫對各方利害關係人的影響，提供決策前更完整的評估，以比較不同策略發展的可能性。換言之，TIMM 的評估不再局限於投入

（input）及產出（output），而是以財務或非財務資訊進行貨幣化分析，衡量策略的成果（outcome）、影響（impact）及其價值（value），做為營運管理的參考資訊。

資誠觀察，國內企業已從報導階段（定期公告非財務資訊）進入管理階段（將 CSR 納入營運思維並利用核心能力解決社會問題），例如透過永續供應鏈、衝突礦產、建立科學基礎的減碳目標等方式呼應聯合國永續發展目標（SDGs）。而 TIMM 正是企業在盤點核心能力與擬定營運策略時不可或缺的工具。

圖 6-12　國內企業實踐 CSR 的演進發展

Reporting
企業非財務資訊
的揭露

Operation
於日常營運納入
CSR思維

Solution
企業運用核心能
力解決社會問題

資料來源：資誠整理繪製

有越來越多的研究顯示，整合性的思維對於企業經營本身有正面的價值，根據 PwC Global 調查，有 84% 的 CEO 表示運用 TIMM 幫助他們帶來潛在的商業機會及產品的創新；另有 63% 的 CEO 表示，善用 TIMM 亦可幫助他們減少成本。希望藉由介紹 TIMM 協助企業全方位思考經營策略，訂定最佳經營決策，最後能有效地創造價值並向投資人及其他利害關係人闡述企業價值，實踐企

業永續發展！

評估廣泛影響力已經成為一項趨勢。國際上已有多間公司採用 TIMM 來評估營運所造成的完整貨幣化影響，雖然這些企業還沒有採取「全面」的觀點，但企業們已明白自身的經濟影響力和貢獻遠大於其財務帳面上所顯示的狀況。

【開雲集團：管理供應鏈對環境的整體影響】

開雲集團（Kering）：開雲集團希望嚴格控制供應鏈對環境的整體影響，因此使用 TIMM 方法創建 EP&L，開雲集團使用 EP&L 對集團內整個供應鏈的環境影響進行了量化和貨幣化。貨幣化的結果應用在採購決策中，考慮可持續性標準以及價格和質量。

開雲集團發現其 75% 的環境影響是從原物料轉化為產品。它意識到，當涉及可持續發展時，看組織本身運作只是「冰山一角」的觀點，為了降低風險和更有效地管理，影響需要擴及到完整供應鏈才算是完整的分析。

【蘇格蘭南方能源：建立未來營運的決策工具】

英國能源市場六巨頭之一的蘇格蘭南方能源公司（SSE Plc）：新的基礎設施興建完成時，人們的生活會受到不同的影響，有正面的影響，如支持就業和供應鏈；有負面影響，例如對景觀、環境和生態系統的影響。這些負面的影響通常是由納稅人或消費者承擔。

考慮到這一點，蘇格蘭南方能源公司的電力網絡業務的一部分，SHE 傳輸公司（Scottish Hydro Electric Transmission Plc）想了解

建置傳輸線造成的完整影響。不僅是財務方面，SHE 傳輸公司希望管理其他不同面向的影響，盡可能減少建置傳輸線造成的負面影響，並產生最大的正面效益，提供最大的整體價值。

透過 TIMM 對環境、社會和經濟影響做出價值評估，SHE 傳輸能夠量化並評估傳輸線的整體影響，並建立評估模型做為未來營運發展的決策工具，TIMM 的應用讓 SHE 傳輸贏得威爾士親王會計永續發展「未來財務獎」(Prince of Wales's Accounting for Sustainability 'Finance for the Future' Award)。

【PwC 英國：做為與利害相關人溝通的方式】

PwC 英國連續五年使用 TIMM 框架來貨幣化其營運產生的經濟、稅收、社會和環境影響，同時做為利害相關人溝通的方式之一。PwC 英國估計 2017 年經濟的淨貢獻總額為 46.2 億英鎊。這比收入多出 28%，比前一年增長了 2%。相較於 PwC 英國五年前第一次衡量總體影響，增加 8 億英鎊。

PwC 英國的經濟 27.01 億英鎊及稅收 11.8 億英鎊占整體影響的大多數，社會影響為 2.56 億英鎊，環境負面影響 1.46 億英鎊相對於經濟、稅收、社會影響較小。PwC 英國將影響分成「直接」、「間接」和「引發」，由圖像中每欄的陰影表示。2017 年，PwC 英國的間接和引發影響相結合，比直接影響大 66%。

圖 6-13 PwC UK 的 TIMM 評估結果

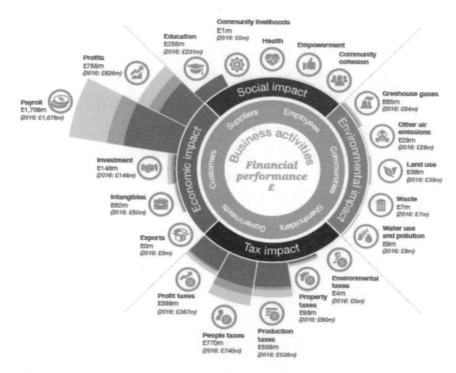

資料來源：PwC Total Impact Measurement & Management framework

雖然現階段的應用尚未反映 PwC 英國營運產生的所有影響，但是在管理日常業務時提供了一個概念和相同語言來考慮社會、環境和稅收影響。這個結果有助於 PwC 英國了解將資源投入在環境足跡最低的業務發展方向。

【德國巴斯夫：盤點年度整體貨幣化效益】

德國化學大廠 BASF 認為 Impact Valuation 導正過去一般對於企業績效表現的舊有觀點，從財務表現延伸到價值鏈營運投入、產

出，對於經濟、環境及社會產生的影響。BASF 採用整體價值分析的方法，推動 Value-to-Society 專案，各別定義經濟、環境及社會 BASF 營運的產出（output）、結果（outcome）與衝擊（impact）。BASF 於 2015 年聯合多家大廠成立圓桌論壇，以 ISO 14007 自然資本及 ISO 14008 社會資本標準為基礎，透過最佳執行經驗分享，辨識 Impact Valuation 技術的效益及限制，建立一套可靠及具公信力的分析方法及整併可能的資料來源。

【日月光：優化企業營運方針】

臺灣半導體封裝測試服務領導者日月光自 2013 年後，永續發展快速成為企業共識，自管理高層開展永續管理決心。為了全面性了解企業的永續價值，日月光與資誠合作，開展企業初探的先驅，以全球營運據點，包含八個地域、19 個廠區進行兩年度的 TIMM 評估範疇。

透過 TIMM 架構辨識並量化日月光集團的營運活動在經濟、稅務、環境及社會四個不同面向對利害關係人所創造的價值。從 2017 年 TIMM 的評估結果（詳如圖 6-14）顯示，2017 年日月光集團對利害關係人所創造的永續價值較 2016 年增長 9%。在四個面向中，以經濟面向對利害關係人所創造的永續價值占比最高，占整體永續價值超過 60% 的比重。稅務面向主要的價值來源是該企業營運獲利直接相關的所得稅，代表對當地政府財政支持與人民福祉的提升。環境面向評估結果以溫室氣體與水資源使用所產生的貨幣化衝擊占最大比例，該兩項環境議題占整體環境衝擊 90% 以上。社會面向中以供應商夥伴關係及員工投入所產生的貨幣化影響占比最高。最終計算出日月光集團於 2017 年產生的永續價

值為 664 億美元。

身處於高科技產業，面對電子業複雜的供應鏈及全球客戶的需求，日月光需仰賴與全球原物料供應商合作，為評估與供應商之合作關係，日月光與資誠合作，實地訪談並發放問卷予供應商，透過第一手資料的回饋，了解日月光對供應商所帶來的影響。經由導入 TIMM 架構，日月光得以將兩年度對於供應商的影響貨幣化為金額，進行的過程中不僅因此實際了解供應商的情形並予以溝通，同時藉由永續價值的結果檢視日月光自身營運對供應商的影響，調整與優化兩方合作關係的模式。

做為國內科技業第一份 TIMM 報告，評估結果雖有一定的局限與不足，卻為企業完整建構了全面性評估管理的量化模組。日月光期望以未來持續計算，尋求並發展自身的評估指標，積極思索正向環境效益的研究，最終成為企業管理的共識與決策工具。

圖 6-14　日月光的 TIMM 評估結果 [6]

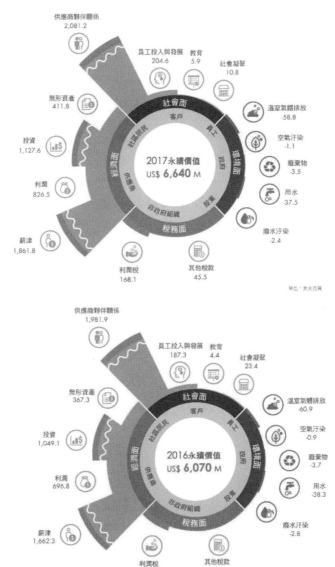

資料來源：日月光集團 2016/2017 年度全面影響力價值評估報告

6　由於 TIMM 的方法學持續在探究深化，本次計算的結果並不完全代表日月光的最
　　終永續價值。

企業的成功與否 改由利害關係人定義

組織營運的影響遠遠超過大多數人的想像，除了財務影響以外，社區、環境和經濟也會受到組織營運的影響。企業領導人需要做出正確決策或最佳決策。它不再只是關於財務，而是關於商業決策的社會和環境後果。TIMM 用更全面的觀點，幫助企業了解其整體影響。它使企業領導能夠量化和評估公司的影響力，並確信他們正在為其業務和利益相關者做出最佳決策。

成功的企業不再是由經營者或是投資者來定義，而是要從所有利害關係人的觀點與角度來定義，面對滿足各式利害關係人的需求，「TIMM」或許可以協助企業找到答案，TIMM 用更全面的觀點，使企業經營者能夠量化和評估公司的影響力，在評估商業決策的「經濟、社會、環境與稅負」後果後，以整合性的思維來權衡，考量各方面影響對於企業價值的影響，為企業和利害關係人做出最佳的商業決策。

第七章

發現企業新價值　邁向永續
投資時代

第一節　永續投資：發現企業新價值

金融機構雖然不像製造業一樣容易造成重大環境污染的可能，但同樣能透過投資、融資等核心業務，達到重視環境保護、環境永續等目的。金融業者透過資本的影響力，推動整體產業及地球的永續發展，也被稱為綠色金融。

綠色金融可界定為兩層含義：

1. 金融業如何促進環保和經濟社會的可持續發展：引導資金流向節約資源技術開發和生態環境保護產業，引導企業生產注重綠色環保，引導消費者形成綠色消費理念。

2. 指金融業自身的可持續發展：明確金融業要保持可持續發展，避免注重短期利益的過度投機行為。

圖 7-1　綠色金融的範疇

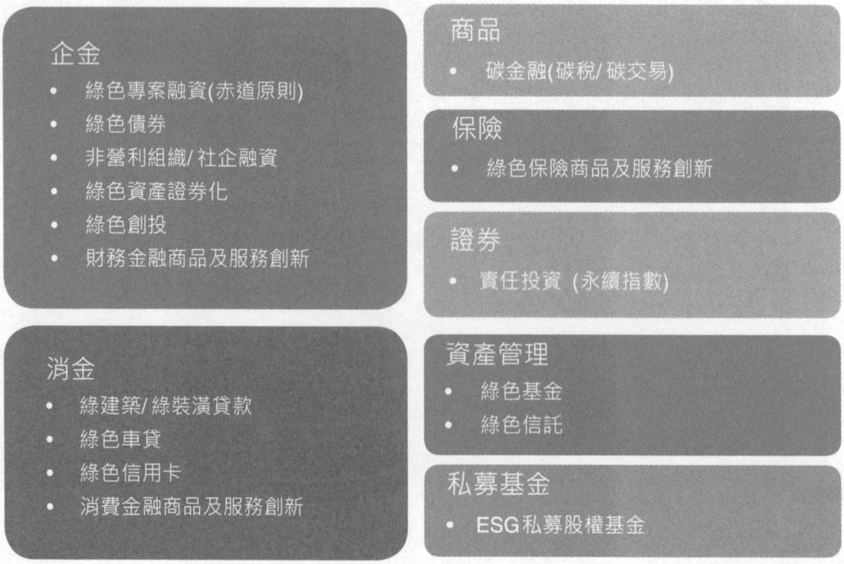

企金
- 綠色專案融資(赤道原則)
- 綠色債券
- 非營利組織/ 社企融資
- 綠色資產證券化
- 綠色創投
- 財務金融商品及服務創新

商品
- 碳金融(碳稅/ 碳交易)

保險
- 綠色保險商品及服務創新

證券
- 責任投資 (永續指數)

消金
- 綠建築/ 綠裝潢貸款
- 綠色車貸
- 綠色信用卡
- 消費金融商品及服務創新

資產管理
- 綠色基金
- 綠色信託

私募基金
- ESG私募股權基金

資誠整理

到目前為止，綠色金融尚未有明確且被廣泛接受的定義，但大抵可區分「融資」、「投資」二大面向。在融資的部分，「赤道原則」（Equator Principles）是銀行業者落實企業社會責任最常被提及的原則之一。

一、融資的影響力：「赤道原則」

赤道原則是一套非強制的自願性準則，用以決定、衡量以及管理社會及環境風險，以進行專案融資（Project finance）或信用緊縮的管理原則。2013 年由花旗集團、荷蘭銀行、巴克萊銀行、與西德意志銀行共同發起，採用世界銀行（IMF）的環境保護標準與國際金融公司（IFC）的社會責任方針，形成了一套非強制的自願性準則，用以決定、衡量以及管理社會及環境風險，以進行專案融資或信用緊縮的管理。截至 2017 年底，共有 37 個國家、93個機構簽署加入。其中亞洲共有 12 家銀行簽署，包含臺灣的國泰世華銀行、玉山銀行和台北富邦銀行。

加入赤道原則的銀行在進行融資時，只會把資金流向對社會、環境有益的專案。如此一來，便能使經營者瞭解環保意識，並促進環保意識的落實，銀行業也藉此關注環保議題。對於銀行本身而言，更可藉此強化對環境、社會問題的授信風險管理。

日商瑞穗銀行（Mizuho）是亞洲第一家簽署加入赤道原則的銀行，其全球專案融資部部長殖田亮介曾公開表示：「對於瑞穗銀行來說，赤道原則是透過本業的企業社會責任活動之一，這是所有簽署銀行有的共識。」殖田亮介指出，進行專案審查時，因為有赤道原則的考量，除了信用評估之外，也會加入環境與社會的

評估機制，這樣多方面的分析，可強化風險管理。同時，由於赤道原則是全球性的評估機制，具有一致性及客觀性，在進行銀行聯貸案時，可用此原則與其他銀行一起進行風險管理。

企業對環境影響之評估，已成為許多先進國家金融業者貸款的評量項目之一，甚至發展出所謂生態貸款（Eco-loans），亦即以較為低廉的利率或條件放款給對於環境保護或資源回收工作執行較佳之企業，對於環境保護成效較好的企業可取得較佳的資金成本。此外，英國的 CFS 提供住房抵押貸款（Eco-Home Loan）、美國富國銀行的第一抵押貸款（商業建築貸款），都是用放款的力量鼓勵社會大眾去購買低碳建築。

另外，像是美國銀行的 Small Business Administration Express Loan、加拿大 Van City Bank 的 Clean Air Auto Loan，則是鼓勵貸款人購買節能省碳的交通運輸商品，銀行願意給予優惠的貸款條件。此外，包括荷蘭 Rabo Bank Climate Credit Card、美國巴克萊銀行 Bareclay Breathe Card，以及興業銀行的低碳信用卡，都是在民眾刷卡購買節能設備、產品，信用卡公司會額外給予優惠。

包括 JP Morgan、愛爾蘭銀行針對環保節能、風力發電等專案給予優惠融資；國際金融公司（IFC）則提供證券化的綠色金融，花旗集團、美國銀行提供綠色金融私募股權優惠方案，包括巴克萊銀行、滙豐銀行、荷蘭銀行以及 JP Morgan、高盛、花旗都提供碳融資與排放交易。上述都是國外金融業者透過資本力量來敦促企業、或消費者落實友善環境的作法。

二、投資的影響力：「社會責任投資」(SRI)

除了「融資」之外，金融業者也可以用「投資」的力量推動企業社會責任發展，尤其，身為機構投資人，由於資金來自社會大眾，應顧及給予資金的社會大眾權益。除了追求財務績效回報，應該在投資時全面性地考量企業可能產生的經濟衝擊、環境衝擊、社會衝擊層面，積極地從投資角度敦促企業善盡企業社會責任，同時也迴避中長期不確定的投資風險。

事實上，各國在推動 CSR 的歷程，前期多依靠法規的強制力，才能推動企業意識、進而落實企業社會責任。但是如果資本市場投資人也開始具備永續投資的觀念和明確的篩選指標，那麼資本市場的這股「拉力」將會是快速驅動企業更加關注企業社會責任的重要動力。一個好的永續企業，除了獲得獎項、輿論的肯定，更應落實到受投資方的青睞與支持行動上，這樣才能創造多贏，這就是社會責任型投資 (Socially Responsible Investment，簡稱 SRI) 的意義。

所謂的社會責任投資，或稱為「道德投資」、「永續投資」是指投資人應該揚棄傳統只看重「短期財務績效」的作法，在評估投資對象時，也將環境 (Environmental)、社會 (Social)、公司治理 (Governance) 等面向考量進來，以企業社會責任做為投資標的篩選原則。

回顧社會責任投資發展歷史，最早可回溯至 16 世紀美國貴格會 (Quakers) 教派，強調信仰人權平等、反對暴力戰爭，並用此規範投資行為。19 世紀初，當時美國衛理教派開創退休養老基金時，公開宣示不將這些資金投資於如經營煙草製造、製酒、武器

製造或販賣、博奕等公眾認為不道德之業務的公司。

如今社會責任投資概念已從負面排除（不投資菸酒、博奕、軍火公司等），發展出多種投資類型。其中，最常被使用的就是用系統性方法將環境、社會、公司治理（ESG）因子納入傳統財務分析中。

社會責任投資者包括個別投資和機構投資，如企業、大學、醫院、基金會、保險公司、公私退休基金、非營利組織和宗教機構等。隨著國際組織越來越關注企業的非財務績效資訊揭露，加上重要的國際投資機構，如美國高盛和摩根士丹利證券等，都要求上市企業提供企業治理、環保和社會責任政策報告以及企業社會責任績效評等做為投資參考，社會責任投資逐漸成為未來重要的投資標準之一。

圖 7-2 投資機構進行責任投資的模式

資誠整理

全球永續投資發展越來越興盛。根據全球永續投資聯盟（GSIA）統計，截至 2016 年全球 SRI 總資產規模已超過 22.89 兆美元，已經超過全球總投資資產規模的 26%，而複合年成長率更達到 11.9%。光就美國而言，SRI 基金的總管理資產已增至 8.7 兆美元，從 2014 年以來增加了 33%。

然而亞洲在永續投資的發展上卻相對落後。在上述同一份調查統計中，亞洲僅占全球 SRI 規模的 2.3%，若扣除日本 2.1%，亞洲 SRI 總管理資產僅占全球 0.2%。

表 7-1　全球各地的 SRI 資產規模

區域	資產規模 （十億美元）	年成長率 （％）	占全球總管理資產比例 （％）
歐洲	12,040	5.7	13.83
美國	8,723	15.2	10.02
加拿大	1,086	22	1.25
紐澳	516	86.4	0.59
亞洲（不含日本）	52	7.6	0.06
日本	474	724	0.54
合計	22,891	11.9	26.3

資料來源：Global Sustainable Investment Alliance, 2016

國內學者探究亞洲在永續投資上發展落後的原因，其實跟 CSR 的發展脈絡息息相關。認為全球 SRI 發展大致可分為四大階段：

SRI 4.0：以歐美國家為主，亦是目前發展最好的典範，如道瓊永續指數（DJSI）、MSCI 永續指數等權威永續指數。這些國家的發

展歷程已超過 20 年，永續指數的相關研究和投資模型也發展成熟，很快能找出各種 ESG 投資組合。這個階段的機構投資人不只是接受 SRI 觀念，而是「擁抱」SRI。

SRI 3.0：如日本。他們自 2000 年開始發展，由學界開始發展編製相關指數，近兩、三年有重大突破，指數編製開始成熟，民間、學界、投資機構百花齊放，且全球最大的退休基金又在日本，很快就帶動日本在 SRI 的進展。隨著永續投資的生態體系進入成熟期，未來將是 70~80％的成長率。目前韓國也積極追隨日本的腳步。

SRI 2.0：如臺灣。交易所開始有永續發展指數，但許多指標和篩選機制仍在調整發展中。觀察臺灣 SRI 的發展時間不過短短 10 年，因此表現並不落後。未來更期待有跳躍式的進步。

SRI 1.0：剛開始倡議永續投資，但還沒有設計出任何永續指數、指標，目前在亞洲許多新興市場還是如此。

學者呼籲，未來臺灣要積極發展 SRI 的關鍵因素有二，第一是「教育」，尤其是產官學間的對話，帶動永續投資的觀念扎根。第二是「創新」，永續投資指數的篩選和投資策略也需要創新思維，才能跟上全球發展趨勢。

聯合國責任投資原則（PRI）

隨著全球競爭環境愈趨複雜，「企業永續發展」與「公司治理」近年來在投資市場逐漸獲得關注。尤其是退休投資、尋找長期投資標的時，投資人與資產管理業更把企業的公司治理及永續發展

策略列入整體評估因素之一。自 2005 年起，聯合國便邀請全球
大型機構投資人參與制定並簽署責任投資原則，設計一套全球通
行的「聯合國責任投資原則」（The Principles for Responsible
Investment, PRI）。

該原則的目標是將環境、社會與公司治理的永續議題，整合到投
資策略中，並發布六大投資原則。截至 2017 年底，全球已有管
理超過 69 兆美元資產的 1,713 個機構簽署加入。G20 國家近年
也強調企業應重視利害關係人。目前機構投資人更有近 48%、遍
及全球 18 國遵循盡責管理守則，顯示資本市場已經越來越具備
此一意識，將 ESG 納入投資考量的原則勢必逐漸成為主流。國內
的 SRI 雖然才剛剛起步，但全球趨勢已如此明確，值得企業加以
關注。

圖 7-3　機構投資人採用【聯合國責任投資原則】（ UN PRI ）

由聯合國前秘書長安南於2006年提出，鼓勵機構投資人自願
簽署採用責任投資原則。

1　將ESG議題納入投資
　　分析和決策過程

2　要求投資機構適當
　　披露 ESG資訊

3　成為積極的所有者，
　　將ESG 議題整合至
　　所有權政策與實踐

4　促進投資行業接受
　　並實施 PRI 原則

5　建立合作機制，
　　提升 PRI 原則
　　實施的效能

6　彙報 PRI 原則實施
　　的活動與進程

資誠整理

三、撤資的影響力：石化產業首當其衝

除了上述的投資趨勢，企業也別忽略「撤資」的影響力。早在 2014 年洛克斐勒兄弟基金就退出 8.7 億美元投資在煤炭、化石燃料業。2015 年全球最大保險集團、全球第三大國際資產管理公司安盛集團退出 5 億歐元的煤礦投資、2017 年進一步宣布從 30% 以上收入來自煤炭、或煤炭能源結構占比超過 30%、年產能超過 2,000 萬噸的企業中撤資，規模達到 24 億歐元；同時至 2020 年前將增加清潔能源、綠色投資規模達 120 億歐元。同一年，全球第一大擁有 1 兆美元的挪威主權基金退出石油投資。目前已有六個國家宣布將於 2025 年禁止煤炭發電，因此今年已有法國、義大利投資機構從煤炭發電業者撤資。簡又新董事長提醒，全球這股撤資行動將從化石燃料業，逐步走向 ESG 審核，未來，企業應積極關注低碳風險與商機。

SRI 為全球未來關鍵趨勢

臺灣能源研究基金會在 2018 年針對 SRI 議題，指出隨著全球永續議題蓬勃發展「金融的無聲轉型已經展開」，這場轉型重新定義金融體系的目標。現今金融業體系和實體經濟之間建立全新、穩固的動態關係，關注實現共同繁榮、消弭貧窮和尊重地球環境。觀察近年幾個重要的里程碑，包含國際金融穩定委員會成立「氣候相關金融揭露工作小組」、2016 年歐盟制定綠色金融戰略、中國建立綠色金融體系指導方針、G20 國家亦宣示為支持全球環境永續發展，擴大綠色融資規模的必要性。然而「規模和速度」是一大挑戰，因為經濟需要轉型改變，資金分配是關鍵。舉例來說，發展中國家農業投資缺口每年達 2,600 億美元；目前綠色債券占全球債券總發行量比例低於 1%。

邁向永續金融體系，金融機構將有四大轉型途徑：

1. 全球綠色債券市場擴張迅速。
2. 越來越多證券交易所承諾改進對市場中永續因素的揭露。
3. 世界六大信評機構公開承諾對永續採取共同一致行動。
4. 環境風險成為銀行是否放款的評估重點。

MSCI 近期發表的「2018 年關鍵趨勢」特別提到五點和 SRI 相關的議題：

1. 透過利用 ESG 探索新興市場投資領域，不斷變化規模和型態，以及篩選投資標的。
2. 將投資組合的氣候風險——企業碳足跡擴展到跨資產類別整體曝險評估。
3. 在固定收益類投資評估中採用 ESG 因子。
4. 尋找替代數據來源平衡日益增長的企業永續資訊揭露量。
5. 人工智慧 (AI) 重新定義工作任務，要求更多高技能的人力投入，未來將出現越來越多投資於人才品質的商機。

CSR 相關指數

一、美國道瓊永續性指數（The Dow Jones Sustainability Index, DJSI）

美國道瓊公司與瑞士的 SAM 永續集團（SAM Sustainability Group）於 1999 年 9 月 8 日所共同推出。該指數成分股之篩選主要係以道瓊全球指數中 2,500 家公司做為篩選對象，包含能源、汽車、製造業等 64 個產業之領先公司，以結合經濟、社會及環境三個面向的準則去評等企業在策略、管理及業別特定要素等方面的永續性商機與風險，而篩選出永續性績效為前 10% 的績優

公司（排除博奕、煙酒、武器與色情等產業）。

對於臺灣企業而言，對道瓊永續指數並不陌生。臺灣在 2017 道瓊永續新興市場指數（DJSI Emerging Markets）的國家排名位居第一，有多達 17 家企業入選；在道瓊永續世界指數（DJSI World）的國家排名雖位居第 11 名，也勝過加拿大、芬蘭等成熟國家，其中台積電已連續 17 年入選，聯電連續 10 年入選。

表 7-2　2017 年臺灣企業入選道瓊永續指數情況

公司名稱	2017		入選次數
	世界指數	新興市場指數	
台積電	★	★	連續 17 次
聯電	★	☆	連續 10 次
友達光電	★	★	連續 8 次
光寶科技		★	連續 7 次
台達電子	★	★	連續 7 次
中國鋼鐵	★	★	連續 6 次
中華電信	☆	★	連續 6 次
台灣大哥大	★	★	連續 6 次
宏碁		★	連續 4 次
玉山金控	★	★	連續 4 次
國泰金控	☆	★	連續 3 次
中鼎工程		★	連續 3 次
日月光半導體	★	★	連續 2 次
中華航空		★	連續 2 次
中信金控	★	★	連續 2 次
第一金控	☆	★	連續 2 次
富邦金控	★	★	連續 2 次
遠傳電信	☆	★	連續 2 次

★：表示受邀有入選；☆：表示受邀沒入選，
資料來源：http://www.robecosam.com/

二、MSCI 全球永續指數（MSCI ESG Leaders Indexes）

MSCI ESG 研究團隊，每年針對全球 5,000 多家公開交易公司，檢視其環境、社會與企業治理等面向，篩選各產業中企業永續績效突出的公司，編製相關指數，供全球基金經理人納入投資標的之參考成分股。相較於傳統投資，CSR 指數的表現往往更佳。ESG 不是讓投資人篩選掉負面股票而已，更能從中檢視、分辨出哪些公司沒有跟上 ESG 趨勢，辨別出哪些公司是具有很強的風險管理，並在市場上有良好策略定位。舉例來說，自從編製 MSCI ACWI ESG 指數以來，其表現都優於 MSCI ACWI 指數。

三、倫敦金融時報社會責任指數（FTSE4Good Index Series）

金融時報與倫敦證交所在 2001 年合作編纂，公布了英國金融時報指數，稱為 FTSE4Good 指數。列入英國金融時報指數的企業，分為英國、歐洲、美國及全球等四個種類，說明其兼具環境永續性、發展利害相關者關係、以及實踐國際人權規定三大原則的企業，並將菸草、核武相關製造的企業排除在外。

臺灣永續投資的發展現況

面對這股全球投資新趨勢，臺灣政府於 2014 年開始強制編製 CSR 報告書，盼能改善 CSR 問題。而臺灣資產管理機構目前實行 PRI 現況，以簽署「盡職治理守則」和「政府基金」為主。

國內簽署「盡職治理守則」的機構名單截至 2018 年 2 月底止，包含國發基金、勞動基金運用局、中華郵政、退撫基金，還有 5 家人壽保險公司及 23 家投信公司。進一步仔細審視國內「盡職治理守則」的內容，其實在投信投顧產業的現行相關法規與公會自

律規範中，大多已有所要求。也就是說，國內每一家投信公司都已經將「機構投資人盡職治理守則」的原則和精神融入在平時的資產管理業務運作中。

「2017 施羅德全球投資人大調查」的一些關鍵數據：臺灣有高達 16% 的投資人不了解何謂 SRI，全球則為 11%；但臺灣有 7% 的投資人有意願嘗試 SRI，而全球為 4%。顯見臺灣其實希望朝向永續投資的發展。

臺灣這幾年在企業永續發展上相當積極，包含把責任投資做成指數化，至今已發表：臺灣就業 99 指數、臺灣高薪 100 指數、公司治理指數，這些指數自發布以來至 2017 年底止，表現都勝過大盤績效。最新發布的「臺灣永續指數」，亦有許多投信業者在規劃相關的 ETF。勞動部勞動基金運用局於 2018 年 1 月指定「臺灣永續指數」為委外代操指標，辦理新制勞工退休基金國內投資委託經營業務，釋出新台幣 420 億元，遴選 7 家投信業者代操。

總結來說，目前臺灣四大基金都已帶頭進行永續投資，隨著首檔「臺灣永續指數」發布，未來其他機構投資人甚至是一般民眾都可以更積極在投資上，支持 CSR 做得好的企業。未來，期盼未來早日落實上市櫃公司全面強制出版 CSR 報告書，且系統性風險高的產業更要有第三方確信的要求，俾利重視 CRS 的機構投資人，甚至一般自然人投資者更加掌握企業 ESG 執行情形。如此，才能擴大永續指數篩選的範圍，引領臺灣企業新價值！

表 7-3 臺灣企業社會責任相關指數

指數名稱	上市時間	成分股篩選標準
臺灣永續指數	2017.12	• FTSE4Good 新興指數的成分股 • 近12個月股東權益報酬率為正
公司治理100 指數	2015.7	• 公司治理評鑑結果前20% • 每股淨值不低於面額 • 稅後淨利排名 • 營收成長率排名
櫃買公司治理60 指數	2015.7	• 公司治理評鑑前20% • 本期淨利 • 營收成長率
臺灣高薪100 指數	2014.8	• 員工平均薪酬 • 淨利每股淨值 • 再以「薪酬規模」排序
臺灣企業經營 101指數	2012.9	• 上市櫃公司資訊揭露評鑑等級A以上 • 董監股票質押比率 • 債務覆蓋率 • 銷貨收入、現金流量、淨值及現金股利等因素
臺灣就業99 指數	2010.12	• 員工平均淨利 • 員工人數

資誠整理

第二節 解決環境問題是門好生意－綠色債券

在全球不斷追求高經濟成長的模式下，代價是對環境生態的不利影響；幸而氣候變遷及環境問題已日益成為國際社會及投資者高度關注的議題，國際間亦有減緩地球暖化效應的共識，因此發展綠色產業漸受各國重視。然而綠色產業需仰賴政府及資金的支持，綠色金融即扮演連結金融產業、環境保護與經濟成長間橋樑的角色。「綠色金融」泛指支持環境永續發展議題相關的投資及貸放等行為，其中綠色債券是近幾年國際金融市場上受到最多討論，同時也是發行規模成長最快速的有價證券之一。

綠色債券（Green Bond）屬於固定收益債券的一種，指企業或銀行透過發行債券的方式，將所募得資金專門用於對環境正面效益的「綠色」投資計畫，如可再生能源、節能減碳、污染防治與控

制、生物多樣性保護或自然資源持續保育如農林業等項目，或綠色投資計畫之放款的融資工具。

綠色債券與一般普通債券的最大區別在於運用發行債券所籌措的資金時，除了財務績效外，還會將投資計畫對環境生態造成的衝擊納入評估。在這樣的正向驅動力下，綠色債券較容易獲得政府機構的政策支持，也會吸引特定願意為環境效益支付溢價的綠色投資者，使發行人獲得較佳的利率成本及較長的融資期間。另外由於發行人需向投資人和社會證明募集資金使用途徑是在產生環境效益，因此監管機關通常對於綠色債券環境資訊揭露有著更高的要求。

綠色債券在國際市場的發行概況

目前市場上，對綠色債券並沒有強制性的或統一的標準，接受度最高的兩類綠色債券自願性指引分別是由國際資本市場協會（International Capital Market Association, ICMA）聯合多家金融機構共同推出的「綠色債券原則」，與由氣候債券倡議組織（Climate Bonds Initiative, CBI）所制定的「氣候債券標準」。此兩種自願性指引的關鍵共通點在於要求發債所取得的資金僅能用在綠色投資項目，以確保綠色債券的收益被妥善運用。

綠色債券最早起源於 2007 年，當年總發行量僅有 15 億美元。自世界銀行於 2009 年與瑞典 SEB 銀行合作下發行第一筆綠色債用於支持氣候行動專案後，綠色債券市場急速擴大，於 2013 年發行量首度突破 100 億美元，尤其在 2015 年巴黎 COP21 氣候會議中倡議要將本世紀溫度上升控制在 2℃之後，綠色債券市場急速蓬勃發展。

綠色債券發行人亦開始多元化，包括地方政府機構、國家發展銀行、私人銀行、公股或私人企業紛紛開始參與發行，2016 年起開始出現主權綠色債券，2017 年法國政府即發行約 70 億歐元的綠色債券，主要用於潔淨能源的國家建設。隨著各國政府對環境保護及對社會責任意識的抬頭，自 2013 年以來，綠色債券呈現大幅成長，並以私人銀行與企業成為綠色債券的主要發行人。

根據氣候債券倡議組織（Climate Bond Initiative, CBI）的統計，近年貼上「綠色債券」標籤的債券發行量，已從 2012 年的 30 億美元增加到 2015 年的 422 億美元，2016 年全年發行量高達 810 億美元，較 2015 年呈倍數成長，象徵綠色債券市場發展達到另一個新境界，2017 年綠色債券全年發行量破千億美元（1,555 億美元），總發行量較 2016 年成長 78%，發行範圍涵蓋 6 大洲 37 國，其中最大單一發行量為 107 億美元。從上述這些數據象徵綠色債券邁入新的里程碑，顯示投資人願意透過投資綠色債券的管道，來表達其對環境友善與企業社會責任的重視與支持。氣候債券倡議組織預估 2018 年綠色債券規模將超過 2,500 億美元，到 2020 年綠色債券規模將達到 1 兆美元的目標，成為近年來各國綠色金融領域大力發展的融資工具

中國積極加入　綠色債券呈爆發性成長

早期綠色債券發行以歐、美地區為主，《巴黎協議》後，全球綠色債券市場以中國最為積極，不僅綠色金融體系的建立已經成為國家戰略，2015 年底人民銀行發布「關於在銀行間市場發行綠色金融債的公告」，中國金融學會綠色金融專業委員會亦編製「綠色債券支持項目目錄」，為市場提供綠色項目範圍，包含節能、污染

防治、資源節約與循環利用、清潔交通、清潔能源、生態保護與適應氣候變遷等六大主要領域。

2016 年是綠色債券新興市場的重要轉折年，在政策強力支持下，中國 2016 年異軍突起超越美國以 320 億美元的綠色債券發行總額成為綠色債券的全球最大發行者，也獲得資本市場熱烈迴響。依據氣候債券倡議組織統計，2017 年為止前三大綠色債券發行國分別為美國、中國和法國，前 10 大發行國家仍以歐洲國家占大多數。若以綠色債券的發行幣別來看，依序主要為人民幣、歐元與美元。而綠色債券的資金用途也相當廣泛，以能源項目、建築、工業與交通運輸為大宗。綠色債券市場呈爆發式增長，預期亞洲將推動未來全球綠色債券市場增長。

圖 7-4　2017 年綠色債券發行量：
　　　　中國綠色債券在全球市場占重要地位

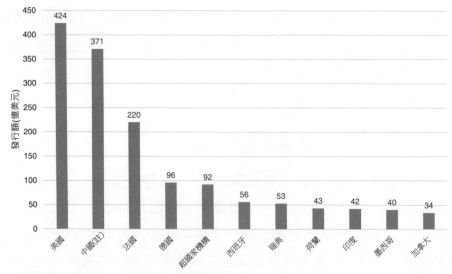

資料來源：中國綠色債券市場年度報告，2017
註：中國總發行量包含符合國際定義與不符合國際定義

臺灣綠色債券相關推動政策

全球環境保護意識高漲與氣候暖化議題變得日益重要，臺灣政府近年來力推綠色及永續的能源政策，除了《溫室氣體減量及管理法》已制定出 2050 年溫室氣體減量目標，政府積極推動的「五加二產業」創新政策及前瞻基礎建設計畫，亦將提升能源效率與綠能投資成為未來投資的重點。此外，為推動金融市場引導經濟體轉型為綠色經濟，朝向低碳永續模式運作，金管會頒布了「綠色金融行動方案」，包含授信、投資、資本市場籌資、人才培育、促進發展綠色金融商品或服務深化發展、資訊揭露、推廣綠色永續理念等七大面向，以期透過完善的綠色金融以協助綠色產業成功發展與轉型。

我國綠色債券的發行處於起步階段，參考國際兩大主要綠色債券自願性準則：國際資本市場協會（ICMA）所訂定之綠色債券原則（Green Bond Principle, GBP）及氣候債券倡議組織（CBI）所制定之氣候債券標準（Climate Bond Standard, CBS）核心精神，證券櫃檯買賣中心於 2017 年 4 月正式公告「綠色債券作業要點」，建立綠色債券資格認可的審核機制。

依據該要點說明，所發行的債券必須具有櫃買中心綠色債券資格認可，發行前之綠色投資計畫與資金運用計畫，及債券發行後之資金運用情形，原則應經認證機構出具評估意見或認證報告，資誠亦將致力於為發行人提供綠色債券發行前和發行後年度 ISAE3000 確信服務。

圖 7-5　綠色公司債券發行流程

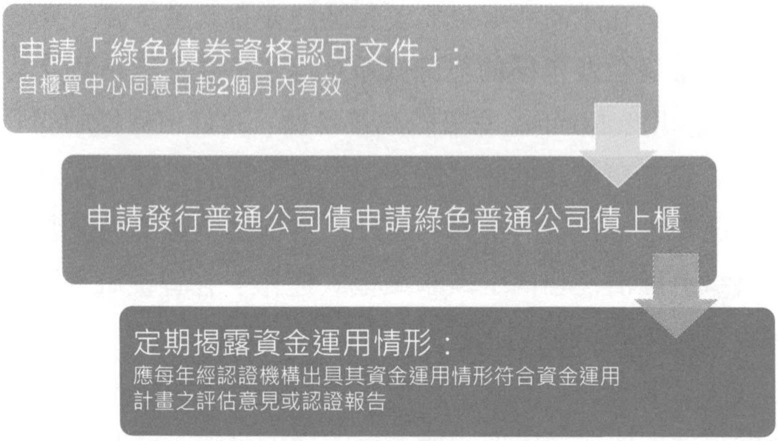

申請「綠色債券資格認可文件」：
自櫃買中心同意日起2個月內有效

申請發行普通公司債申請綠色普通公司債上櫃

定期揭露資金運用情形：
應每年經認證機構出具其資金運用情形符合資金運用
計畫之評估意見或認證報告

資料來源：證券櫃檯買賣中心「綠色債券作業要點」；資誠整理

一、發行前綠色投資計畫：發行人應訂定所募集之資金用途須全部用於對環境具實質改善效益之綠色投資計畫，包含參考《溫室氣體減量及管理法》所定再生能源及能源科技發展、能源使用效率提升及能源節約、溫室氣體減量、廢棄物回收處理或再利用、農林資源保育、生物多樣性保育、污染防治與控制、水資源節約、潔淨或回收循環再利用等九大綠色投資計畫範圍；同時並應具備完善之資金管理計畫，以確保資金運用於符合環境永續性目標的資格條件及程度。

二、發行前綠色資金運用計畫：發行人應訂定由認證機構確認對綠色投資計畫具可行性、合理性及有效性之綠色債券資金運用計畫，包含設立流程和控管機制以確保資金運用於所提之綠色投資計畫、資金的追蹤及帳戶管理方式、資金的分配與閒置資金管理。其中，

● 「可行性」係確保有能力執行所募資金管理程序，如審核放款項目之人員是否具備相關評估專業能力或經驗及審核

放款項目之篩選流程是否有適當的徵信程序及表單為基礎。

● 「合理性」係確保已完整規劃設計所募資金管理程序，如依據 CBI Green Climate Definitions 或其他客觀條件之定義，判定綠色投資計畫中所載明之授信項目均符合財團法人中國民國證券櫃檯買賣中心「綠色債券作業要點」認可之投資計畫類別。

● 「有效性」係確保設立控制機制檢核所募資金管理程序之執行結果，如審核帳戶管理所使用之系統、政策、程序、及控制點包含但不限於開立專門帳戶，以確保資金募集、撥付及收回之專款專用。

三、發行後資金運用情形：企業應追蹤資金運用執行情形並定期揭露，應於綠色債券存續期間或資金運用期間，每會計年度終了後三十日內，經獨立第三方認證機構出具其資金運用情形符合資金運用計畫之評估意見或認證報告，並經主管機關監督公告於網際網路資訊申報系統。

圖 7-6　國內綠色債券之認證機制

資料來源：證券櫃檯買賣中心「綠色債券作業要點」

臺灣綠色債券的先驅發行案例是半導體封測大廠日月光於 2014 年 7 月中旬宣布發行總額為 3 億美元（約新台幣 90 億元），票面利率為 2.125% 的三年期海外公司債，同時也是亞洲第一家發行綠色債券的製造業公司。其發行債券所得資金，將用來投注在臺灣及其他營運所在地區推動環保及能源節約所需的各項投資計畫，包括興建綠建築工廠、設置中水回收廠、廢水處理廠、即時廢水監測系統等各項設施，並進行製程能源減省方案等項目。在 2016 年 2 月，日月光也榮獲 CBI 氣候債券倡議組織所頒發之「首支新興市場企業綠色債券認證」及「首支臺灣綠色債券認證」。

我國首批綠色債券在 2017 年 5 月於櫃買中心掛牌，截至同年 12 月 15 日止，國內已陸續發行 9 檔綠色債券，發行總額約達新台幣 206 億元。分析這幾檔綠色債券有三大發行來源，第一是國內銀行發行，所募得的資金將全數用在綠色授信，籌資後再進行金融放款給中小型企業；第二項是外國發行人，如東方匯理銀行發行；第三即是國內企業，由中油國營企業開先鋒，所募資金用途將全部用於天然氣接收站相關擴增計畫；均象徵綠色產業及經濟已經成功透過綠色債券的平台，將實體經濟與資本市場取得緊密的連結。

在短短不到一年的時間內，綠色債券發行人即從本國銀行、外國銀行擴及至國內大型企業；發行幣別除了新台幣以外，也包括美元，顯示我國綠色債券的發展，正朝向發行規模成長與發行人多元化的目標雙頭並進。

截至 2018 年 6 月中旬為止，國內共發行 16 檔綠色債券，總計發行餘額達到新台幣 418 億元，其發行占比，以外國發行人最高，

達 38%；國營生產事業居次，占 32%；本國銀行為 22%，民營生產專案為 3%。

隨著綠色債券此項新的融資途徑已逐漸邁向主流市場，不僅可以滿足政府、企業等發行方的永續發展目標及降低企業融資成本，也能夠滿足市場投資者為環境保護盡點心力等履行企業社會責任的表現，逐步達成綠色金融支持綠色產業發展、綠色產業帶動綠色金融成長的良性循環。

櫃買中心亦同時提出三項政策支持相關建言：一是鼓勵更多國營事業如台電、中油、中鋼等發行綠債，活化綠色債券發行市場；二是允許金融機構可用投資的綠債抵繳保證金或準備金，以提高投資誘因；三是建議四大基金評選代操基金業者時，將綠債列入評分項目，如加重企業社會責任投資的評分，或在委託契約上訂明要將綠色債券納入其固定收益投資組合中。樂觀期待未來資本市場將逐漸綠化及企業同步轉型為綠色低碳經濟體系之加乘效果，將成為企業公民落實永續發展的核心策略。

附錄

財團法人中華民國證券櫃檯買賣中心綠色債券作業要點

附錄：

財團法人中華民國證券櫃檯買賣中心綠色債券作業要點

公布日期：民國 107 年 05 月 03 日

第一條

為協助綠能科技產業籌集資金、促進環境永續發展，並建立我國綠色債券櫃檯買賣制度，特訂定本作業要點。

第二條

本作業要點所稱綠色債券係指經本中心認可綠色債券資格之有價證券。

第三條

發行人發行下列之有價證券，符合第四條規定者，得向本中心申請綠色債券資格認可：

1、依本中心證券商營業處所買賣有價證券審查準則第六條、第七條或第十五條規定，申請櫃檯買賣之普通公司債或金融債券。

2、依本中心外國有價證券櫃檯買賣審查準則第三十六條規定，申請櫃檯買賣之新臺幣計價外國普通債券。

3、依本中心外幣計價國際債券管理規則第三條規定，申請櫃檯買賣之有價證券。但具股權性質之有價證券除外。

第四條

發行人申請綠色債券資格認可，應依其有價證券種類分別符合下

列資金用途：

1、普通公司債：發行人所募集之資金全部用於綠色投資計畫支出或償還綠色投資計畫之債務；外國金融機構所募集之資金全部用於綠色投資計畫之放款。

2、金融債券：發行人所募集之資金全部用於綠色投資計畫之放款。

第五條

前條所稱綠色投資計畫係指投資於下列事項，並具實質改善環境之效益者：

1、再生能源及能源科技發展。

2、能源使用效率提昇及能源節約。

3、溫室氣體減量。

4、廢棄物回收處理或再利用。

5、農林資源保育。

6、生物多樣性保育。

7、污染防治與控制。

8、水資源節約、潔淨或回收循環再利用。

9、其他氣候變遷調適或經本中心認可者。

前項綠色投資計畫須經政府機關出具符合綠色投資計畫之證明文件，或由國內外認證機構出具符合綠色投資計畫之評估意見或認證報告。但發行人為本國銀行、外國銀行在臺分行或具能源供應專業之國營事業者，得自行依國際金融市場慣例之綠色債券原則出具符合綠色投資計畫之評估意見。

本作業要點所稱具能源供應專業者，係指能源管理法第四條規定之能源供應事業。

第六條

本作業要點所稱認證機構，係指依國際金融市場慣例或國內實務狀況，具備評估或認證綠色投資計畫、資金運用計畫或資金運用情形之專業能力，並具相關評估或認證經驗者。

認證機構所出具之評估意見或認證報告有虛偽、隱匿之情事者，本中心得撤銷或廢止經其評估或認證之相關綠色債券資格，並於一年內拒絕接受其出具之評估意見或認證報告。

第七條

發行人申請綠色債券資格認可，應檢具綠色債券資格認可申請書，連同應檢附書件，載明其應記載事項，向本中心申請。

第八條

發行人申請綠色債券資格認可，本中心於申請書件送達之日起三個營業日內完成審查。但有特殊情形，得簽報核准後延長審查。

經本中心審查前項書件齊備，並符合本作業要點規定者，本中心得出具綠色債券資格認可文件；如審查發現有申請書件不完備或記載事項不充分者，應限期請其補正；逾期未補正者，即簽報予以退件。

發行人應於前項認可文件發文日起兩個月內向本中心申請債券櫃檯買賣，逾期該認可文件失其效力。

第九條

發行人申請綠色債券資格認可,應訂定綠色債券資金運用計畫,且須經認證機構出具對其綠色投資計畫具有可行性、合理性及有效性之評估意見或認證報告。但發行人為具能源供應專業之國營事業者,得檢附其經行政院或立法院審議通過之預算案,說明其預算案與綠色債券資金運用計畫之相關性,自行出具評估意見。

第十條

發行人應於公開說明書揭露綠色投資計畫或綠色投資計畫之放款、認定標準、環境效益評估、資金運用計畫及認證機構之相關資訊等內容。

第十一條

發行人應於綠色債券存續期間或所募資金運用期間,於年度財務報告公告後三十日內,由認證機構出具對資金運用情形是否符合資金運用計畫之評估意見或認證報告。但發行人為具能源供應專業之國營事業者,得依據相關預算案執行情形之帳務明細,自行出具相關評估意見。

發行人應於前項期限內,將資金運用情形及其評估意見或認證報告輸入本中心指定之網際網路資訊申報系統。

第十二條

發行人依第七條、第十條及前條規定檢送之相關申請書件或申報資訊,如有虛偽或隱匿之情事者,本中心得撤銷或廢止其綠色債券資格。發行人未依前條規定辦理申報作業或資金用途不符合資

金運用計畫者，本中心得通知發行人限期補正或改善，逾期未補正或改善者，本中心得廢止其綠色債券資格。

發行人因資金用途變更，致有不符合第四條規定之情事者，應向本中心申請廢止其綠色債券資格。

第十三條

本作業要點經報奉主管機關核定後公告施行，修正時亦同；作業要點中相關附表之增刪或修正，則奉本中心總經理核定後施行。

國家圖書館出版品預行編目資料

成功企業的再定義 : 企業永續策略與經營 / 朱竹元,
李宜樺, 張瑞婷著 -- 臺北市 : 資誠教育基金會, 2018.11
　　面 ；　公分
ISBN 978-986-94415-4-4 (平裝)

1.企業社會學　2.企業管理　3.永續發展

490.15　　　　　　　　　　107019348

成功企業的再定義

－企業永續策略與經營

總　編　輯：周建宏

作　　　者：朱竹元、李宜樺、張瑞婷

責任編輯：趙永潔、廖國偉、蘇怡禎、杜育任、柯方甯
　　　　　　張嘉宏、張瑋珊、徐子苿

出　版　者：財團法人資誠教育基金會

地　　　址：台北市信義區基隆路一段333號27樓

電　　　話：(02)2758-5889

傳　　　真：(02)2758-5883

出版日期：2018年11月

Ｉ Ｓ Ｂ Ｎ：978-986-94415-4-4

定　　　價：新台幣420元整